大礼堂

水木湛清華

——清华大学校园植物

王菁兰　张　彤　张贵友　编著

刘全儒　审校

图书在版编目（CIP）数据

水木湛清华：清华大学校园植物 / 王菁兰，张彤，张贵友编著. — 北京：北京大学出版社，2014.7

ISBN 978-7-301-24347-3

Ⅰ.①水… Ⅱ.①王… ②张… ③张… Ⅲ.①清华大学—植物志 Ⅳ.①Q948.521

中国版本图书馆CIP数据核字（2014）第123594号

书 名：水木湛清华——清华大学校园植物

著作责任者：王菁兰 张 彤 张贵友 编著

书名题字：魏 哲

策划编辑：陈斌惠

责任编辑：陈斌惠

标准书号：ISBN 978-7-301-24347-3/N·0064

出版发行：北京大学出版社

地 址：北京市海淀区成府路205号 100871

网 址：http://www.pup.cn 新浪官方微博：@北京大学出版社

电子信箱：zyjy@pup.cn

电 话：邮购部 62752015 发行部 62750672 编辑部 62756923 出版部 62754962

印 刷 者：北京中科印刷有限公司

经 销 者：新华书店

720毫米×1020毫米 16开本 32.75印张 450千字

2014年7月第1版 2014年7月第1次印刷

定 价：220.00元

施一公序

每年的四月末，都是清华园最热闹的日子。吐绿的枝芽，盛开的鲜花为这所闻名中外的高等学府披上节日的盛装。紫荆花开迎来张张笑脸，四面八方的校友汇聚清华园，一同庆贺母校的生日。

还记得学堂的教室、工字厅的长廊、荷塘边的小路和运动场的草坪吧，这里的一草一木都有你青春的印记。

荷塘的碧水孕育了清华人典雅的情怀；日晷上的“行胜于言”鞭策着清华人脚踏实地的作风；闻亭的钟声打造了清华人的铮铮铁骨。任世纪更迭，风云变幻，“自强不息、厚德载物”是清华人亘古不变的精神。

“景昃鸣禽集，水木湛清华。”清华园的山水花木、亭台楼阁交相辉映，散发着历史与现代的气息。引发每一位到访者对往日的缅怀和对未来的憧憬。我院教师编写的《水木湛清华——清华大学校园植物》一书将是你认识清华园草木的一把钥匙。了解清华园，就从这一草一木开始吧。

清华大学生命科学学院院长

中国科学院院士

施一公

图书馆老馆

汪劲武序

《水木湛清华——清华大学校园植物》一书的出版，使我回忆起了往事。1950年时，我考取了清华大学生物学系。到了清华园，我特别高兴，因为清华园的树木花草太美了，正是我学习的好校园，大一那一年我就认识了许多园中的植物。第二年由于种种原因，学校安排几个要学习植物学的同学转去北京大学，我是其中之一。我当时真是恋恋不舍地离开了清华园，在北大毕业留校工作这几十年间，由于仍惦记着清华园，就不时一个人去园中走走看看，特别是看到园中植物种类增加了很多，园林更加美了，心中特别兴奋。曾经想到过应有一本介绍清华园植物的书，让广大读者也认识园中植物，现在真有此书了。我特别赞赏此书的策划者和作者以及与此书出版有关的人，赞赏他们有主见。还要指出的是，全书是经过较长时间的深入调查，选择500种重要植物编辑而成的。其种类的鉴定也十分准确，书的编排十分科学，适合各类人群的阅读，加上彩色照片的配合，真正是图文并茂的著作。特别是这本书不只是认识园中植物的工具，还是清华深厚文化的一部分，意义非凡。可以预见，书问世后，必将受到广泛的欢迎。我是喜欢认识植物的人，又是清华校友之一，因此对此书尤为推崇，并欣然为之作序。

汪劲武

2014年2月24日于北京大学生命科学学院

工字厅

前 言

清华大学在风雨沧桑中已经走过了一个世纪，这里的一草一木都记录着百年岁月的荣辱与兴衰，铭刻着清华人自强不息、厚德载物的君子风范，也浓缩着中国文化的风骨与命运。这座蜚声中外的学术殿堂崛起在皇家园林的遗址——清华园之上。清华园的前身是熙春园，为圆明园属园，因其位于圆明园的东侧面，又称 “东园”。清华大学创建以前，这里就已经是水清木华，呈现出“槛外山光历春夏秋冬万千变幻都非凡境；窗中云影任东西南北去来澹荡洵是仙居”的景色。 然而，西方列强的坚船利炮打破了大清王朝的宁静与安逸，罪恶的火焰吞噬了皇家园林的辉煌。1911年，清政府用美国“退还”的部分“庚子赔款”在这片荒芜的皇家园林上建立起清华大学的前身，一所留美预备学校，即清华学堂。1925年，正式成立大学部，1928年，国民政府接管清华并正式命名为国立清华大学。此后，又经历了抗日战争的洗礼、战后复员后的动荡。1948年，毛泽东主席亲笔批示，急电通知平津战役前线部队“注意保护清华燕京等学校及名胜古迹等”，人民解放军用鲜血和生命使清华大学回到人民的怀抱。新中国的诞生，揭开了清华大学发展史的崭新一页。魏晋风骨，皇家风范，东西结合，人文日新，造就了清华大学独特的血脉与气质。驻足清华园的一草一木，一砖一瓦，都有令国人思考和期盼的东西。山水草木之间，回响着荡气回肠的校歌：“西山苍苍，东海茫茫，吾校庄严，巍然中央。东西文化，荟萃一堂，大同爰跻，祖国以光。”

据校志记载，清华大学建校之初，园内树木只有15类691株。建校以后，校园内广种花木，配备专人常年种植和经营，并发动学生参加“植树节”活动。到了20世纪30年代初，校园内花木增至22科52种。抗战期间，校园遭到严重破坏，学校复员后对园内树木花草进行了休整、再植。1949年以后，随着校园的扩展，园内树木花草迅速增加。到1993年校园内已经有常绿树22种，落叶乔木54种，灌木61种，果树15种，宿根花卉12种。1998年，清华大学开始了“绿色大学”的建设工作，其内涵包括绿色教育、绿色科技和绿色校园。自从建设绿色校园以来，全校的绿化面积已经达到135万多平方米，绿化覆盖率为54%，是北京市绿化覆盖率最高的校园之一。美国著名杂志《福布斯》曾评选出全球14个最美丽的大学校园，清华大学是亚洲唯一上榜者。“十年树木，百年树人”。树人固然艰辛，但就见证历史以及岁月轮回看，树木就更为久远，清华园里一些古柏、国槐和油松，其树龄都已超过500年。她们的年轮里记录了多少光阴岁月，承载着多少家国沧桑！因而有人讲，看一个学校的历史有多么久远，就去查一查她所拥有的古树吧。在有关清华植物的众多描述中，要数朱自清先生那篇传世名作《荷塘月色》最为生动，那荷香、那月色早已弥漫到你所有的感官，深入到你的内心，他笔下的“荷塘月色”已成为中国学子梦寻千里的精神家园。

从春天盛开的迎春花、山桃、玉兰、紫荆、丁香、榆叶梅、牡丹，夏季婀娜的荷花、木槿、玉簪、紫薇、石榴，秋季色彩斑斓的松果菊、万寿菊、翠菊、美丽向日葵、菊花，到冬日里傲雪挺立的松柏和芳香的蜡梅，记录着四季的轮回。花草树木、楼宇亭台、小桥流水，将远古与现代、东方与西方紧紧地交融在一起。自2004年以来，学校把植物多样性作为绿色校园的重点，引种了大江南北的不少植物种类。其实，清华大学早已经把“树木”与“树人”的理念有机地结合在一起。值得一提的是，清华大学在草木管理上的合理规划，使得许多野生的草本植物得以在校园内世代相传。

“原本山川，极命草木。”自2003年起清华大学生命科学学院的师生开始了校园植物的普查工作，后来，生命科学学院标本馆的历届志愿者们一直延续着这项工作。植物资源普查工作量浩大，特别是野生草本植物的调查更需付出艰辛的劳动。经过几年的努力，初步摸清了清华大学校园内野生及栽培植物的资源状况。清华大学校园植物共计126科425属736种（克朗奎斯特系统），其中乔木161种，灌木202种，草本373种，栽培502种，野生234种。其中绿园、荷塘周边、工字厅周边、图书馆北侧、主楼北侧、汽车研究所西侧是植物多样性最为丰富的区域。本书编选了清华大学校园常见植物500种，隶属于116科330属，其中乔木116种，灌木132种，草本252种，栽培319种，野生181种。每种植物均配以精美照片以及植物特征、校园分布、用途等详细说明。本书是深入认识和了解清华大学校园植物的一部向导书，也是学生进行植物分类学实习的工具书。

本书植物的鉴定主要依据*Flora of China*，但对个别种的处理保留了编者的观点。植物中文名和学名均以*Flora of China*为准。由于时间仓促，书中难免有错误或不当之处，恳请专家和读者朋友们批评指正。

《博物》杂志编辑王辰，北京师范大学倪川、伍凯，北京大学孟世勇为书中部分植物提供了照片。清华校友摄影俱乐部的陈海滢提供了水木清华、大礼堂、工字厅、科学馆等地照片。植物的普查和鉴定工作得到了清华大学生物系校友、我国著名植物分类学家北京大学汪劲武教授以及北京师范大学植物分类学专家刘全儒教授的大力帮助。本书的出版得到清华大学–北京大学生命科学联合中心本科生培养基金的资助，特此致谢！

编者

2014年6月于清华园

科学馆

编排说明

为了便于普通读者根据植物外形直观查找，本书编排分为乔木（含行道树）、灌木、木质藤本、竹类、栽培草本、野生草本、水生草本七大类，各类群下植物科属严格按照克朗奎斯特系统排序。

乔　　木：乔木指植株高大，具明显直立主干，且分枝位置较高的木本植物。乔木常被称为“树”，如银杏、垂柳就是典型的乔木。本书将清华校园里常见的行道树单独列出，方便读者查阅。需要注意的是，本书中的行道树亦常单独或数株做景观树栽种。

灌　　木：灌木指没有明显主干，且分枝靠近地面的木本植物，如连翘、迎春花。但是，有些植物，如紫薇，既可以是有明显的主干小乔木，也可以成为基部分枝的灌木，因此，本书中以其在校园中的优势类型予以划分。

木质藤本：不能直立生长，只能依附他物攀升的木本植物称为木质藤本，如紫藤。

竹　　类：竹类为木本植物（部分学者认为其为草本植物），由于其特殊性，本书将其单列一类。

栽培草本：需要人工栽培，有固定分布的草本植物称为栽培草本，如玉簪、鸢尾。

野生草本：自然生长的草本植物则归为野生草本，如狗尾草。这里的野生草本包括曾为栽培，后逐渐变为野生的种类，如牵牛。

水生草本：由于清华大学校园水生景观丰富，水生植物较为多样，因此将水生草本作为一类，包括挺水植物（如莲）、浮叶植物（如睡莲）、沉水植物（如菹草）、漂浮植物（如槐叶萍）以及湿生植物（如芦苇）。

全书共收录116科330属500种校园植物。

索引表包括中文名索引和拉丁名索引，方便读者快速查找。

目录

灌木

木质藤本

竹类

栽培草本

野生草本

水生草本

银杏（银杏科　银杏属）

Ginkgo biloba L.

别　　名：公孙树、白果树

校园分布　广布。

专业描述：落叶乔木。叶扇形，先端2裂，叶脉二叉分。雌雄异株；球花生于短枝叶腋；雄球花成柔荑花序状；雌球花具长梗，梗端2叉，叉端生1珠座，每珠座生1胚珠，通常仅1个发育成种子。种子核果状，卵球形，熟时黄色，被白粉，具臭味。花期4—5月，10月种子成熟。

分　　布：我国特产，现普遍栽培。

用　　途：树形优美，常为观赏绿化树种。木材优良，供建筑用材。种仁可食，也可入药，有止咳平喘等作用。

小 知 识：1. 银杏为中生代孑遗植物，被称为“活化石”，为我国特产，仅天目山有野生状态的树木。

2. 佛教圣树菩提树（*Ficus religiosa* L.）为桑科榕属植物，我国南岭以北不能露天生长，因此黄河流域寺庙多选用银杏来代替菩提树。北京古寺多有古银杏，其中最著名的当属潭柘寺的“帝王树”，已有千岁高龄。

3. 以种子繁殖银杏需要20—30年才会结果，故称“公孙树”，有“公种而孙得食”之意。银杏的种子可食，被称为“白果”，但有微毒，不宜多吃。

4. 种加词“*biloba*”，来源于拉丁词“bis”，意为“二”和“ loba”，意为“浅裂的”，用以描述银杏叶片的形状为“二裂的”。

2 圆柏（柏科　刺柏属）

Juniperus chinensis L.

别　　名：桧柏、桧

校园分布 广布。

专业描述：常绿乔木。树皮灰褐色，成窄条纵裂脱落。叶二型，刺叶生于幼树上，老树常为鳞叶，常二者兼有。刺形叶3叶轮生或交互对生，鳞形叶交互对生，排列紧密。雌雄异株；球果近圆形，有白粉。花期4月，球果次年成熟。

分　　布：各地广泛栽培。

用　　途：栽培供观赏。木材供建筑等用。枝叶入药，能祛风散寒、活血消肿。

小 知 识：圆柏的栽培变种龙柏‘Kaizuca’清华大学校园里广泛栽培。其特点是枝条向上或向一个方向扭动，形成柱状或尖塔形树冠，叶全为鳞形叶，排列紧密。

3 一球悬铃木（悬铃木科　悬铃木属）

Platanus occidentalis L.

别　　名：美国梧桐

校园分布 广布，清华路两侧等地。

专业描述：落叶大乔木。树皮呈小块状剥落。叶大，阔卵形，通常3—5浅裂，边缘有数个粗大锯齿，中裂片宽大于长。花通常4—6数，单性，聚成圆球形头状花序。果序圆球，通常单生。花期5月，果期9—10月。

分　　布：原产北美洲，我国引种栽培。

用　　途：供观赏，常用作行道树。

4 杜仲（杜仲科　杜仲属）

Eucommia ulmoides Oliv.

校园分布 广布。

专业描述：落叶乔木。树皮灰色。叶椭圆形，边缘有锯齿，撕开有细丝。花单性，雌雄异株，无花被，常先叶开放，生于小枝基部；雄花雄蕊4—10，花药条形，花丝极短；雌花子房狭长，顶端有二叉状柱头。翅果狭椭圆形。花期4—5月，果期9—10月。

分　　布：分布于长江中游各省，北京有栽培。

用　　途：栽培供观赏，常用作行道树。树皮药用。

♂

♀

5 蒙古栎（壳斗科 栎属）

Quercus mongolica Fisch. ex Turcz.

校园分布 医学院东侧。

专业描述：落叶乔木。叶倒卵形，基部耳形，叶缘具8—9对波状钝锯齿。雄花序腋生于新枝。雌花1—3朵，杂生于枝梢。壳斗杯状，苞片覆瓦状排列，背面具瘤状突起。果实卵圆形。花期5月，果期9—10月。

分　　布：分布于东北、西北、华北。

用　　途：种子含淀粉，可酿酒。木材可作建筑用材。

6 加杨（杨柳科 杨属）

Populus X canadensis Moench

别　　名：加拿大杨

校园分布 学堂路两侧。

专业描述：落叶乔木。树皮灰褐色，纵裂。叶三角形，基部截形，边缘半透明，具圆齿。雌雄异株，柔荑花序。花果期4—5月。

分　　布：原产美洲东部，我国各地广泛栽培。

用　　途：常用作行道树，为良好绿化树种。

7 毛白杨（杨柳科　杨属）

Populus tomentosa Carrière

校园分布 广布。

专业描述：落叶乔木。树皮幼时灰白色，老时褐色纵裂，菱形皮孔散生。叶卵状三角形，具波状齿。雌雄异株，柔荑花序下垂，花常先叶开放。花果期3—5月。

分　　布：广泛分布于我国北方地区。

用　　途：常用作行道树和庭院绿化，是华北地区重要的木材树种。

8 垂柳（杨柳科　柳属）

Salix babylonica L.

校园分布 广布，校河沿岸、荷塘等地。

专业描述：落叶乔木。小枝细长下垂。叶披针形，边缘具细锯齿。花单性异株；雄花序长1.5—2厘米，雄蕊2；雌花序长达5厘米，柱头2裂。花果期3—5月。

分　　布：各地广泛栽培。

用　　途：常见绿化树种。

♂

♀

9 旱柳（杨柳科　柳属）

Salix matsudana Koidz.

别　　名：柳树

校园分布：广布，图书馆周边、荷塘等地。

专业描述：落叶乔木。树冠广圆形。小枝黄色或绿色，光滑，直立或开展。叶披针形，边缘有明显细锯齿。花单性异株，柔荑花序。种子极小，具丝状毛。花果期4—5月。

分　　布：原产中国，各地广泛栽种。

用　　途：常见行道树和庭院树种。木材优良。花期长，是春季重要的蜜源植物。

小 知 识：清华大学校园常见的还有本种的两个变型：龙爪柳 f. *tortuosa* (Vilm) Rehder 和馒头柳 f. *umbraculifera* Rehder。龙爪柳与原变型的区别为其枝条卷曲。馒头柳与原变型的主要区别为树冠半球形，如馒头状。

♂

10 槐（蝶形花科　槐属）
Sophora japonica L.

校园分布 广布。

专业描述：落叶乔木。树皮成块状裂。奇数羽状复叶，小叶9—15，卵状长圆形。圆锥花序顶生；花黄白色，蝶形花冠；雄蕊10，不等长。荚果肉质，串珠状。花期7—9月，果期10月。

分　　布：各地广泛栽培。

用　　途：常为行道树。槐角、花蕾、花入药。木材可供建筑用。

小 知 识：槐为北京市市树，有多个栽培变型，常见的有两种。

1.五叶槐 f. *oligophylla* France. 也称蝴蝶槐或畸叶槐，复叶只有小叶3—5，集生于叶轴先端成掌状，或仅为规则的掌状分裂。绿园、主楼北侧有栽种。

2. 龙爪槐 f. *pendula* France. 大枝扭转斜向上伸展，小枝皆下垂。清华大学校园广泛栽种，如荷二楼北侧、校河沿岸等地。

五叶槐
龙爪槐

11 栾树（无患子科 栾树属）

Koelreuteria paniculata Laxm.

校园分布 广布。

专业描述：落叶乔木。羽状复叶或二回羽状复叶；小叶7—15，卵形，边缘具锯齿或羽状分裂。圆锥花序顶生，广展，长25—40厘米；花淡黄色。蒴果，囊状。种子圆形，黑色。花期6月，果期8月。

分　　布：全国广布，生杂木林或灌木林中。

用　　途：栽培供观赏。

12 七叶树（七叶树科　七叶树属）

Aesculus chinensis Bunge

校园分布 广布，紫荆公寓附近、绿园、平斋北侧、经管学院北侧等地。

专业描述：落叶乔木。掌状复叶对生，小叶5—7，具短柄，椭圆形，边缘具细锯齿。圆锥花序，连总花梗长25厘米；花杂性，白色。蒴果球形，密生疣点；种子近球形，种脐淡白色。花期5—6月，果期10月。

分　　布：分布于华北各省。

用　　途：栽培供观赏，可作行道树。木材可制家具。

13 白蜡树（木犀科 梣属）

Fraxinus chinensis Roxb.

校园分布 图书馆北侧、理学院周边、甲所周边。

专业描述：落叶乔木。奇数羽状复叶，小叶5—9，多为7，椭圆形，边缘有锯齿。圆锥花序侧生或顶生于当年生枝上，大而疏松；无花瓣。翅果倒披针形。花期4月，果期8—9月。

分　　布：南北各省均有分布。

用　　途：常为行道树。枝叶可养白蜡虫，此虫分泌物为工业制蜡原料。

14 杉松（松科　冷杉属）

Abies holophylla Maxim.

别　　名：辽东冷杉

校园分布 蒙民伟楼北侧。

专业描述：常绿乔木。小枝具圆形叶痕。叶条形，排列紧密，基部扭转成两列，上面中脉凹下。球花单生叶腋，雄球花下垂，雌球花直立。球果当年成熟，圆柱形，熟时淡褐色。花期4—5月，果期10月。

分　　布：分布于东北、华北地区。

用　　途：本种为优良木材。

15 雪松（松科　雪松属）

Cedrus deodara (Roxb.) G. Don

校园分布 广布。

专业描述：常绿乔木。树冠塔形。叶针形，坚硬，长2.5—5厘米，在长枝上螺旋排列，在短枝上簇生。雌雄同株；球花生于短枝顶端，直立。球果次年成熟，直立，卵球形。花期10—11月。

分　　布：原产喜马拉雅地区，我国各地广泛栽培。

用　　途：其树形美观，终年常绿，为重要的园林风景树木之一。材质优良，可用于建筑和制作家具。

小 知 识：黎巴嫩的国树为黎巴嫩雪松（*Cedrus libani*），其国旗国徽上均有黎巴嫩雪松图案。黎巴嫩雪松与本种为同属不同种植物。

16 白扦（松科　云杉属）

Picea meyeri Rehder & E. H. Wilson

校园分布 广布，绿园、图书馆北侧、西湖游泳池东侧等地。

专业描述：常绿乔木。小枝有木钉状叶枕，一年生小枝基部宿存芽鳞反卷。叶锥形，螺旋状排列，两侧和下面叶向上弯伸，四面有粉白色气孔线。雌雄同株；雄球花单生叶腋，下垂；雌球花单生枝顶，下垂，紫红色。球果长圆柱形，下垂。花期4—5月，果期9—10月。

分　　布：分布于华北地区，为华北地区主要乔木树种之一。

用　　途：木材可作建筑用材，也可制作家具。

17 青扦（松科 云杉属）

Picea wilsonii Mast.

校园分布 绿园。

专业描述：常绿乔木。树冠绿色。小枝上有木钉状叶枕，基部宿存芽鳞紧贴小枝。叶锥形，四面有气孔线，略有白粉。球果单生侧枝顶端，下垂，卵状圆柱形，熟后淡褐色。花期4—5月，果期9—10月。

分　　布：分布于山西、河北、内蒙古等地。

用　　途：木材可用于建筑、家具及造纸等。

18 油松（松科　松属）

Pinus tabuliformis Carrière

校园分布 广布。

专业描述：常绿乔木。树皮灰褐色，裂成不规则鳞片状块。针叶2针一束，粗硬，长10—15厘米。球果卵圆形，成熟后开裂，宿存。种鳞的鳞盾肥厚，鳞脐凸起，有刺尖。花期4—5月，球果次年9—10月成熟。

分　　布：我国特有树种，分布于华北、西北，多组成纯林。

用　　途：为山区造林及庭院观赏树种。木材可作建筑、家具用材。松节、松叶、花粉等入药。

小 知 识：北京地区的古松，其树种主要是油松和白皮松，尤以油松占绝大多数。其中最著名有北海公园的“遮荫侯”和香山公园香山寺遗址的“听法松”，树龄均有800多年。

19 白皮松（松科 松属）

Pinus bungeana Zucc. ex Endl.

校园分布 广布。

专业描述：常绿乔木。树皮灰绿色或灰褐色，内皮白色，裂成不规则薄片脱落。针叶3针一束，粗硬，长5—10厘米。球果常单生，卵圆形，成熟后淡黄褐色。花期5月，球果次年10月成熟。

分　　布：我国特有树种，分布于华北、西北、华中等地。

用　　途：为优良的观赏树种。木材可作建筑用材。种子可食。球果入药，有止咳、化痰、平喘的功效。

小 知 识：北京地区古松的重要种类之一。著名的古松如北海公园的“白袍将军”，为两棵白皮松，树冠高达30多米，据记载为金代栽种，迄今已有800多年。清代乾隆帝曾册封为白袍将军。

20 华山松（松科　松属）
Pinus armandii Franch.

校园分布 绿园。

专业描述：常绿乔木。一年生枝绿色。针叶5针一束，较粗硬，长8—15厘米。球果圆锥状长卵形，熟时种鳞张开，种子脱落。花期4—5月，球果次年9—10月成熟。

分　　布：分布于山西、河南、陕西、甘肃、四川、贵州、云南西北部和西藏东部及南部。

用　　途：庭院观赏树种。材质优良，种子可食，也可榨油。

华山松

乔松

21 乔松（松科　松属）
Pinus wallichiana A. B. Jackson

校园分布 绿园、主楼北侧。

专业描述：常绿乔木。树皮暗灰褐色。针叶5针一束，细柔下垂，长10—20厘米。球果圆柱形，下垂，熟时种鳞张开；种子具膜质长翅。花期4—5月，球果次年秋季成熟。

分　　布：分布于云南和西藏，北京有引种栽培。

用　　途：庭院观赏树种。材质优良，可作建筑、家具用材。

22 水杉（杉科　水杉属）

Metasequoia glyptostroboides Hu & W. C. Cheng

校园分布 西门附近、图书馆周边、绿园。

专业描述：落叶乔木。小枝对生，下垂，具长枝与脱落性短枝。叶交互对生，2列，羽状，条形。雌雄同株；球花单生叶腋或枝顶。球果近球形，稍有4棱，具长柄，下垂；种鳞木质，宿存。花期4月，球果当年10月成熟。

分　　布：分布于四川万县和湖北利川一带。现广泛栽培。

用　　途：树姿优美，可用于庭院绿化。木材可作建筑、家具用材。

小 知 识：水杉是我国特产的珍贵孑遗树种，国家一级保护植物，有植物王国“活化石”之称。水杉属在中生代白垩纪和新生代约有6—7种，曾广泛分布于北半球。第四纪冰期后，水杉属的其他种类因气候变冷而全部灭绝，我国川、鄂、湘边境地带因地形走向复杂，受冰川影响较小，使水杉得以幸存，成为旷世的奇珍。

23 刺柏（柏科　刺柏属）
Juniperus formosana Hayata

校园分布 绿园。

专业描述：常绿乔木。树皮褐色，纵裂为长条薄片脱落。叶全为刺形，3叶轮生，基部有关节，不下延，条状披针形，长1.2—2.5厘米，中脉两侧各有1条白色气孔带。球花单生叶腋。球果近球形，熟时红褐色，有白粉，顶部开裂。花期4—5月，球果9—10月成熟。

分　　布：分布于华东、华中、西南，北京有栽培。

用　　途：庭院观赏。

24 侧柏（柏科　侧柏属）

Platycladus orientalis (L.) Franco

别　　名：柏树、扁柏

校园分布 广布。

专业描述：常绿乔木。树皮浅灰色，条裂成薄片。小枝扁平，排列成复叶状。叶全鳞片状，交互对生。雌雄同株，球花生于枝顶。球果当年成熟，熟时开裂，卵球形。花期4—5月，果期10月。

分　　布：原产我国北部。

用　　途：常栽培作庭院观赏树。木材可作建筑、家具用材。枝叶，种子入药。

小 知 识：侧柏是北京市的市树之一。由于侧柏的寿命很长，四季常青，因此常被种植在寺院中。在我国的寺庙中，一些古柏的树龄已超过千岁。

25 北美香柏（柏科　崖柏属）

Thuja occidentalis L.

校园分布 绿园。

专业描述：常绿乔木。树皮成不规则的薄片状脱落。鳞叶交互对生，排成4列；生鳞叶的小枝较厚，扁平。雌雄同株，球花单生茎顶。球果当年成熟，卵圆形，熟后开裂。种子扁平，两侧有翅。花期4—6月，果期9—10月。

分　　布：原产北美，我国引种栽培。

用　　途：木材可作建筑、家具用材。

26 粗榧（三尖杉科　三尖杉属）

Cephalotaxus sinensis (Rehder & E.H.Wilson) H.L.Li

校园分布 绿园。

专业描述：灌木或小乔木。叶条形，排列成两列，长2—5厘米，上面深绿色，中脉明显，下面有2条白色气孔带。雄球花6—7聚生成头状。种子通常2—5个着生于轴上，卵圆形。花期4—5月，种子9—10月成熟。

分　　布：我国特有树种，广泛分布于南方各省，北京有栽培。

用　　途：材质优良。

27 东北红豆杉（红豆杉科　红豆杉属）

Taxus cuspidata Siebold & Zucc.

别　　名：紫杉

校园分布 绿园。

专业描述：常绿乔木。叶螺旋状着生，呈不规则两列，"V"字开展。叶条形，长1.5—2.5厘米，上面光绿色，下面有两条灰绿色气孔带。雌雄异株，球花单生叶腋。种子卵圆形，生于红色肉质的杯状或坛状的假种皮中，熟时紫褐色。花期4—5月，种子8—9月成熟。

分　　布：分布于东北地区，北京有栽培。

用　　途：良好的园林绿化树种。

小 知 识：栽培变种矮紫杉'Nana'为常绿灌木，植株较矮。叶深绿色，条形，较紫杉密而宽，常栽培供观赏。清华大学绿园有栽培。

矮紫杉

28 鹅掌楸（木兰科　鹅掌楸属）

Liriodendron chinense (Hemsl.) Sargent.

校园分布 广布，荷塘、汽车研究所西侧等地。

专业描述：落叶乔木。叶片马褂状，近基部每边具1侧裂片，先端具2浅裂。花单生于枝顶，杯状，花被片9，外轮3片绿色，萼片状，内2轮花瓣状，绿色，具黄色纵条纹。聚合果纺锤形，由具翅的小坚果组成。花期5月，果期9—10月。

分　布：分布于长江以南各省区，生常绿或落叶阔叶林中，北方地区有栽培。

用　途：叶形奇特，是庭院常见树种。木材优良。树皮入药，祛水湿风寒。

小知识：鹅掌楸属全世界共有两种，我国一种，北美一种。北美鹅掌楸（*Liriodendron tulipifera* L.）原产北美，我国有引种栽培。北美鹅掌楸每边具2裂片；花被片较大，基部常具橙色条带。杂种鹅掌楸为鹅掌楸和北美鹅掌楸的杂交种，其形态特征介于两者之间，我国常有栽培。清华大学校园亦有栽培，分布于C楼周边、主校门附近、绿园等地。

杂种鹅掌楸　杂种鹅掌楸

29 荷花木兰（木兰科　木兰属）

Magnolia grandiflora L.

别　　名：荷花玉兰，洋玉兰，广玉兰

校园分布 新斋东侧、图书馆周边。

专业描述：常绿乔木。树皮灰褐色。小枝和芽密生锈色绒毛。叶椭圆形，全缘，革质，上面有光泽，下面有锈色短绒毛。花大，单生于枝顶，荷花状，芳香；花被片通常9，白色。聚合蓇葖果，密生锈色绒毛。花期6月，果期7—8月。

分　　布：分布于北美洲东南部，我国长江以南各省区有栽培。

用　　途：栽培供观赏。花含芳香油，叶可入药。

30 玉兰（木兰科　玉兰属）

Yulania denudata (Desr.) D.L.Fu

别　　名：木兰

校园分布 广布。

专业描述：落叶乔木。冬芽密生绒毛。叶倒卵形，全缘；托叶膜质，脱落后留有环状托叶痕。花单生于小枝顶端，先叶开放，白色，有芳香；花被片9。聚合蓇葖果，圆柱形。花果期4—5月。

分　　布：分布于我国中部，北京有栽培。

用　　途：栽培供观赏。

31 二乔木兰（木兰科 玉兰属）

Yulania × soulangeana (Soul. -Bod.) D. L. Fu

校园分布 广布，绿园等地。

专业描述：小乔木。叶纸质，倒卵形，具环状托叶痕。花蕾卵圆形，花先叶开放，浅红色至深红色，花被片6—9，外轮常较短。聚合蓇葖果，卵圆形。花期4月，果期9—10月。

分　　布：本种是紫玉兰和玉兰的杂交种，各地常栽培。

用　　途：栽培供观赏。

32 二球悬铃木（悬铃木科 悬铃木属）

Platanus × acerifolia (Aiton) Willd.

别　　名：英国梧桐

校园分布 广布。

专业描述：落叶乔木。树皮灰绿色，片状剥落，光滑。叶阔卵形，3—5裂近中部，裂片边缘疏生锯齿。头状花序球形；花单性，雌雄同株。果枝通常有球形果序2个。花期5月，果期9—10月。

分　　布：原产欧洲，我国引种栽培。

用　　途：供观赏，常作为行道树。

小 知 识：本种是三球悬铃木（法国梧桐）*Platanus orientalis*与一球悬铃木（美国梧桐）*Platanus occidentalis*的杂交种，也称"英国梧桐"，因最早种植于上海法租界，叶形类似梧桐（*Firmiana simplex* (L.) W. F. Wight），而常被称为"法国梧桐"，广泛用作行道树栽培。悬铃木属我国引种栽培三种，常被通称为"法桐"。

33 三球悬铃木（悬铃木科　悬铃木属）

Platanus orientalis L.

别　　名：法国梧桐

校园分布 紫荆公寓附近、生物学馆西侧。

专业描述：落叶大乔木，树皮薄片状脱落。叶大，阔卵形，掌状5—7裂，中央裂片深裂过半。花4数；雄性球形头状花序无柄；雌性球形头状花序常有柄。果枝长10—15厘米，有圆球形头状果序3—5个。花期4—5月，果期9—10月。

分　　布：分布于欧洲东南部和亚州西部，我国引种栽培。

用　　途：供观赏，常作为行道树。

小 知 识：三球悬铃木原产欧洲东南部和亚洲西部，它的种加词*orientalis*的意思是“东方的”，而与此相对，原产北美的一球悬铃木则以*occidentalis*（西方的）为其种加词。据记载三球悬铃木曾经在晋代被引入中国，称为净土树、祛汗树。虽然三球悬铃木常被称为法国梧桐，但其本身与法国并无太大关联。悬铃木的“球”指的是由非常多的单个果实组成的球形头状果序，“几球”就是指果枝上通常有几个球形的果序。但在实际中果枝上“球”的数量总是存在变化，如果一定要区分物种，还需要参考树皮、叶形等方面的特征。

34 山白树（金缕梅科　山白树属）

Sinowilsonia henryi Hemsl.

校园分布 绿园。

专业描述：落叶小乔木。叶椭圆形，边缘有小锯齿，托叶线形。花单性，雌雄同株，无花瓣；雄花呈柔荑花序；萼筒壶形，萼齿5；雄蕊5；雌花序总状；子房上位，花柱2，伸出萼筒。果序长达20厘米，被灰黄色毛。花期5月，果期8月。

分　　布：分布于湖北、四川、陕西、甘肃及河南等省。

乔木

35 黑弹树（榆科　朴属）

Celtis bungeana Blume

别　　名：小叶朴、朴树

校园分布 C楼周边、图书馆北侧、水木清华。

专业描述：落叶乔木。树皮浅灰色，平滑。叶卵形，基部偏斜，近全缘，三出脉。花杂性，雌雄同株，与叶同时开放。核果单生叶腋，近球形，紫黑色。花期4月，果期9月。

分　　布：全国广布。

用　　途：木材是优良的建筑用材。

36 青檀（榆科 青檀属）

Pteroceltis tatarinowii Maxim.

校园分布 工字厅南侧。

专业描述：落叶乔木。叶卵形，先端长尾状渐尖，三出脉。花单性，雌雄同株。翅果扁圆形，上下两端具凹陷。花期5月，果期6—7月。

分　　布：全国广布。

用　　途：木材坚硬，可作家具和建筑用材。树皮可制宣纸。

37 榆树（榆科　榆属）

Ulmus pumila L.

别　　名：家榆、榆

校园分布：广布，生命科学馆等地。

专业描述：落叶乔木。叶椭圆形，羽状脉，直达叶缘，叶缘多单锯齿。花先叶开放，聚伞花序簇生叶腋，花药紫色，伸出花被外。翅果倒卵形，先端凹陷。花期3月，果期4—5月。

分　　布：全国广布。

用　　途：木材可作建筑用材。嫩果可食。果实、树皮、叶入药，有安神的功能。

小 知 识：榆的栽培品种龙爪榆（垂枝榆）'Pendula'校园亦有栽培，其区别点在于小枝卷曲或扭曲下垂。

垂枝榆

38 榉树（榆科　榉属）

Zelkova serrata (Thunb.) Makino

别　　名：光叶榉

校园分布 紫荆公寓附近。

专业描述：乔木。树皮不规则片状脱落。叶纸质，卵形，先端渐尖，基部稍偏斜，圆形或浅心形，边缘有整齐的尖锐锯齿，侧脉7—14对。雄花1—3朵簇生，雌花单生。核果淡绿色，斜卵形，上面偏斜。花期4月，果期9—11月。

分　　布：南北各省均有分布或栽培。

用　　途：木材优良。树皮和叶入药。

39 构树（桑科　构树属）

Broussonetia papyrifera (L.) Vent.

校园分布 广布。

专业描述：落叶乔木，有乳汁。叶宽卵形，不分裂或不规则的3—5裂，边缘有粗锯齿，上面被糙毛。花单性，雌雄异株；雄花序柔荑花序，腋生；雌花序头状；花柱侧生，丝状。聚花果球形，肉质，红色。花期5—6月，果期9—10月。

分　　布：南北各省均有分布。

用　　途：茎皮纤维可造纸。聚花果（楮实子）及根皮入药。

40 桑（桑科　桑属）
Morus alba L.

校园分布 广布，绿园、生命科学馆西侧有分布。

专业描述：落叶乔木。叶卵形，边缘有粗锯齿，上面近光滑。花单性，雌雄异株，均成柔荑花序；雄花花被片4，雄蕊4；雌花花被片4，结果时变肉质，常无花柱。聚花果（桑葚）成熟时黑紫色或白色。花期5月，果期6月。

分　　布：全国各省区均有栽培。

用　　途：叶饲蚕。木材供雕刻用。聚花果生食或酿酒。根皮、枝、叶、果入药，有利尿镇咳的作用。

小 知 识：桑葚不是真正意义上的果实。植物学上果实是由子房发育形成的。桑葚由整个花序发育而来，称之为“聚花果”。其可食部分是肉质化的花萼（花被片）。

41 蒙桑（桑科　桑属）

Morus mongolica (Bur.) Schneid.

校园分布 水木清华。

专业描述：落叶灌木或小乔木。单叶互生，卵形，具粗齿，齿端具刺芒状尖。花单性，雌雄异株；均成柔荑花序；雄花花被片4，雄蕊4；雌花花瓣片4，花柱明显，柱头2裂。聚花果成熟时红色或紫黑色。花期4—5月，果期6—7月。

分　　布：分布于华北、西北、东北、西南、华中、华东。

用　　途：茎皮纤维可造纸。聚花果可食，也可酿酒。

小 知 识：蒙桑与桑同为桑属植物，区别在于蒙桑叶缘锯齿先端具刺芒状尖。校园里还有桑属植物鸡桑分布，形态与桑十分接近，区别在于鸡桑叶表面粗糙，脉腋无簇毛，花具花柱。

42 胡桃（胡桃科　胡桃属）

Juglans regia L.

别　　名：核桃

校园分布 广布，西湖游泳池东侧、新水利馆南侧等地。

专业描述：落叶乔木。枝具片状髓。奇数羽状复叶，小叶5—9，椭圆状卵形，常全缘。花单性同株；雄性柔荑花序，下垂；雌性穗状花序含1—3花。果序短，俯垂，具1—3果。花期4—5月，果期9—10月。

分　　布：广泛栽培，西北华北为主产区。

用　　途：核桃仁营养价值很高，可生食，亦可榨油。

43 胡桃楸（胡桃科　胡桃属）

Juglans mandshurica Maxim.

别　　名：核桃楸

校园分布 绿园。

专业描述：落叶乔木。枝具片状髓。奇数羽状复叶，小叶9—17，椭圆形，边缘具细锯齿。花单性同株；雄花序柔荑花序下垂；雌花序穗状含4—10花。果序长10—15厘米，俯垂，通常有5—7果。花期5月，果期8—9月。

分　　布：分布于东北、华北。

用　　途：是北方嫁接核桃的砧木，种仁可食。

44 枫杨（胡桃科　枫杨属）

Pterocarya stenoptera C. DC.

校园分布 工字厅南侧。

专业描述：落叶乔木。叶常为奇数羽状复叶，稀为偶数，叶轴具翅。小叶10—16，长圆形，基部歪斜。柔荑花序先叶开放；雄花序生于老枝叶腋，雌花序生于新枝顶端。果具翅，呈下垂总状果序。花期4—5月，果期8—10月。

分　　布：我国中部和中南部。

用　　途：木材可制家具，果实可制肥皂和润滑油。

45 栗（壳斗科 栗属）

Castanea mollissima Blume

别　　名：板栗

校园分布 生物学馆南侧。

专业描述：落叶乔木。叶长圆形，长8—15厘米，顶端渐尖，叶缘具刺芒状锯齿，上面深绿色，下面具灰白色毛。花单性，雌雄同株；雄花成直的穗状柔荑花序；雌花生于雄花序的基部，常3朵基生，外包总苞，苞片针刺状。坚果2—3，生于总苞（壳斗）内。花期5—6月，果期9—10月。

分　　布：南北各省均有分布。

用　　途：种子可食，木材可作建筑用材。

46 沼生栎（壳斗科　栎属）

Quercus palustris Münchh.

校园分布 绿园。

专业描述：落叶乔木。树皮暗灰褐色，略平滑。叶片卵形，叶缘每边5—7羽状深裂，裂片具细裂齿。雄花序与叶同时开放，数个簇生；雌花单生或2—3朵生于长约1厘米的总柄上。壳斗浅杯状；小苞片三角形，紧密排列。坚果长椭圆形。花期4—5月，果期翌年9月。

分　　布：分布于美洲，我国有栽培。

用　　途：庭院栽培。

47 栓皮栎（壳斗科 栎属）

Quercus variabilis Blume

校园分布 工字厅南侧。

专业描述：落叶乔木。树皮黑褐色，条状纵裂，木栓层发达。叶片长圆形，叶缘具刺芒状锯齿，侧脉14—18对，下面灰白色。雄花成下垂的柔荑花序，雌花单生或几朵聚生。壳斗杯状，包围坚果2/3以上，苞片锥形，向外反曲。花期5月，果期翌年9—10月。

分　　布：全国广布。

用　　途：木材可做建筑材料。树皮木栓层发达，是我国生产软木的主要原料。

48 白桦（桦木科　桦木属）

Betula platyphylla Suk.

校园分布 西湖游泳池东侧、主楼北侧。

专业描述：落叶乔木。树皮灰白色，成层剥裂。叶卵形，叶缘具重锯齿，侧脉5—7对。雄花序常成对顶生。果序单生叶腋，圆柱形，下垂。花期4—5月，果期6—9月。

分　　布：分布于东北、华北、西南。

用　　途：木材可做家具。

49 千金榆（桦木科　鹅耳枥属）

Carpinus cordata Blume

校园分布 绿园。

专业描述：落叶乔木。叶卵形，边缘具不规则的刺毛状重锯齿，侧脉15—20对。花单性，雌雄同株。果序长5—12厘米；果苞宽卵状长圆形，遮盖小坚果。花果期4—9月。

分　　布：分布于东北、华北。

用　　途：木材可做家具，种子可榨油。

50 紫椴（椴树科　椴树属）

Tilia amurensis Rupr.

校园分布 绿园。

专业描述：乔木。叶宽卵形或近圆形，先端呈尾状，基部心形，边缘具粗锯齿排列整齐。聚伞花序长4—8厘米；苞片长圆形，长4—5厘米；萼片5；花瓣5，黄白色；雄蕊多数，无退化雄蕊。果近球形。花期5—7月，果期8月。

分　　布：分布于东北，生杂木林中。

紫椴

蒙椴

51 蒙椴（椴树科　椴树属）

Tilia mongolica Maxim.

别　　名：小叶椴

校园分布 绿园。

专业描述：蒙椴与紫椴相似，区别在于蒙椴叶常具3浅裂，锯齿大小不整齐；具退化雄蕊。

分　　布：分布于东北、华北，生向阳山坡。

52 糠椴（椴树科　椴树属）
Tilia mandshurica Rupr. & Maxim.

别　　名：大叶椴

校园分布 绿园。

专业描述：乔木。叶卵圆形，长8—10厘米，基部斜心形或截形，边缘有三角形锯齿，下面密被灰色星状茸毛。聚伞花序长6—9厘米，有花6—12朵；苞片窄长圆形；花瓣5，黄色；退化雄蕊花瓣状。果实球形。花期5—7月，果期8—9月。

分　　布：分布于东北、华北。

糠椴

美洲椴

53 美洲椴（椴树科　椴树属）
Tilia americana L.

校园分布 主楼北侧。

专业描述：乔木。树皮灰白色。单叶，卵形至心形，长10—15厘米，基部偏斜，边缘有粗锯齿。聚伞花序，有花6—20朵；苞片叶状，长圆形，有二分之一与花序梗合生；花瓣5，黄白色；雄蕊多数。果实球形。花期5—7月，果期8—9月。

分　　布：分布于北美，我国引种栽培。

54 梧桐（梧桐科　梧桐属）

Firmiana simplex (L.) W. Wight

别　　名：青桐

校园分布 绿园、听涛园西侧、工字厅南侧等地。

专业描述：落叶乔木。树皮绿色，平滑。叶掌状3—5裂，基部心形。圆锥花序顶生，长20—50厘米，被短绒毛；花单性，黄绿色，无花瓣，萼片长圆形，花瓣状。蓇葖果5枚，叶状。花期6—7月，果期10月。

分　　布：原产我国，华北以南均有栽培。

用　　途：树形美丽，栽培供观赏，也可作行道树。木材质轻，我国古琴即用此材。

小 知 识：梧桐树皮青绿，也称青桐。我国人民历来把梧桐树视为吉祥的象征，传说凤凰“非梧桐不栖”，因此民间常栽植梧桐，以求“种得梧桐引凤凰”。常见的行道树法国梧桐为悬铃木科悬铃木属植物，因其最早种植于上海法租界，其叶形似梧桐而被称为“法国梧桐”。

55 木槿（锦葵科　木槿属）

Hibiscus syriacus L.

校园分布 广布。

专业描述：落叶灌木或小乔木。叶菱状卵形，具3主脉，常3裂。花单生叶腋；副萼6—7，线形；萼钟形，裂片5；花冠钟形，淡紫、白、红等色。蒴果，长圆形。花果期7—9月。

分　　布：全国各地栽培。

用　　途：栽培供观赏。

56 新疆杨（杨柳科　杨属）

Populus alba L. var. *pyramidalis* Bunge

校园分布 8号楼东侧。

专业描述：落叶乔木。树皮灰褐色，光滑。长枝的叶，掌状3—7深裂至中部，边缘具不规则粗齿，下面密生白色绒毛；叶柄长2—5厘米，有白色绒毛；短枝的叶较小，卵形。花期4—5月。

分　　布：分布于新疆，我国北方地区常栽培。

用　　途：优良的绿化和防护林树种，可作建筑用材。

57 柿（柿树科　柿树属）

Diospyros kaki Thunb.

校园分布 广布，生物学馆南侧、家属区等地。

专业描述：乔木。树皮鳞片状开裂。叶卵形。雌雄异株或同株；雄花成短聚伞花序，雌花单生叶腋；花萼4深裂，果熟时增大；花冠白色，4裂，有毛；雌花中有8个退化雄蕊，子房上位。浆果卵圆形或扁球形，橙黄色或鲜黄色，花萼宿存。花期5—6月，果期9—10月。

分　　布：全国各地普遍栽培。

用　　途：果可食，也可酿酒或制柿饼，柿霜及柿蒂入药。

58 君迁子（柿树科　柿树属）

Diospyros lotus L.

别　　名：黑枣

校园分布 广布，绿园、荷塘等地。

专业描述：乔木。枝皮光滑不开裂。叶椭圆形。花单性，雌雄异株，簇生叶腋；花萼密生柔毛，4裂；花冠淡黄色或淡红色。浆果球形，直径1—1.5厘米，熟后变黑色。花期4—5月，果期9—10月。

分　　布：我国南北各省均有分布；生山坡、山谷或栽培。

用　　途：果可食用或酿酒、制醋。常作为嫁接柿树的砧木。

59 秤锤树（安息香科　秤锤树属）

Sinojackia xylocarpa Hu

校园分布 汽车研究所西侧。

专业描述：落叶乔木。叶纸质，椭圆形。总状聚伞花序生于侧枝顶端，有花3—5朵；花梗柔弱下垂；花白色，花冠裂片6—7；雄蕊10—14；子房高度半下位。果卵形，顶端具圆锥状的喙。花期4—5月，果期7—10月。

分　　布：分布于江苏，北京有栽培。

用　　途：栽培供观赏。

60 山桃（蔷薇科 桃属）

Amygdalus davidiana (Carrière) C. de Vos

校园分布 荷塘、水木清华、绿园。

专业描述：落叶乔木。树皮暗紫色，光滑有光泽。叶片卵圆状披针形，边缘具细锯齿。花单生，先叶开放，直径2—3厘米；萼筒钟状；花瓣白色或淡粉色；雄蕊多数；子房被毛。核果球形，果核小，球形。花期3—4月，果期7月。

分　　布：东北、华北、西北、西南有分布；生阳坡山地或林缘。

用　　途：栽培供观赏。

61 桃（蔷薇科 桃属）

Amygdalus persica L.

校园分布 广布。

专业描述：落叶乔木。叶片长圆披针形，叶边具锯齿。花单生，先于叶开放，直径2.5—3.5厘米；萼片5，卵形；花瓣5，倒卵形，粉红色；雄蕊多数；子房被短柔毛。核果，近球形或卵圆形。花期4—5月，果实成熟期因品种而异，通常为6—9月。

分　　布：我国各地栽培。

用　　途：常见水果，栽培供观赏。

小 知 识：重瓣的栽培观赏品种常被称为碧桃，有白色、红色、粉色各色品种，清华大学校园广泛栽培。此外，生物学馆南侧还引种有菊花桃，因其花瓣窄细而多数，形似菊花，因而得名。

碧桃

菊花桃

62 杏（蔷薇科　杏属）

Armeniaca vulgaris Lam.

校园分布 生物学馆南侧、家属区。

专业描述：乔木。叶片宽卵形，先端具短尾尖，基部圆形，叶边有圆钝锯齿。花单生，直径2—3厘米，先叶开放；萼筒圆筒形，花萼5，卵圆形，花后反折；花瓣5，白色或粉红色；雄蕊多数；心皮1。核果，球形。花期4月，果期6—7月。

分　　布：产全国各地，多数栽培。

用　　途：常见水果，可生食或制杏脯。杏仁供食用或药用。

杏

山杏

63 山杏（蔷薇科　杏属）

Armeniaca sibirica (L.) Lam.

别　　名：西伯利亚杏

校园分布 8号楼西侧。

专业描述：落叶灌木或小乔木。形态与杏相似，区别在于山杏叶卵圆形，基部圆形或心形；果实薄而干燥，成熟时开裂。

分　　布：东北、华北、西北有分布；生长在向阳坡地。

用　　途：杏仁味苦，可入药。可作杏的砧木。

64 毛樱桃（蔷薇科　樱属）

Cerasus tomentosa (Thunb) Wall.

校园分布 绿园、生物学馆南侧、汽车研究所西侧。

专业描述：落叶灌木。叶片卵状椭圆形，被绒毛，边缘具不整齐锯齿。花1—3朵簇生，先叶开放或与叶同时开放；直径1.5—2厘米；花瓣5，白色或粉红色，倒卵形；雄蕊多数；子房密被短柔毛。核果近球形，红色。花期4—5月，果期6—9月。

分　　布：东北、华北、西北、西南有分布；生山坡林缘。

用　　途：果可鲜食，果仁入药。

65 东京樱花（蔷薇科　樱属）

Cerasus yedoensis (Matsum.) T. T. Yu & C. L. Li

别　　名：日本樱花

校园分布 绿园。

专业描述：落叶乔木。叶片椭圆卵形，边缘有尖锐重锯齿，叶柄常具2腺体。花序伞形总状，有花5—6朵，先叶开放，花直径3—3.5厘米；萼筒管状，被疏柔毛；萼片5，三角状长卵形；花瓣5，白色或粉红色，有香气；雄蕊多数，短于花瓣。核果近球形，黑色。花期4—5月。

分　　布：原产日本，北京有栽培，品种很多。

用　　途：栽培供观赏。

66 日本晚樱（蔷薇科　樱属）

Cerasus serrulata (Lindl.) G. Don ex London var. *lannesiana* (Carrière) Makino

校园分布 广布，生命科学馆西侧等地。

专业描述：落叶乔木。叶片卵状椭圆形，先端渐尖，基部圆形，边缘有渐尖重锯齿，齿尖有长芒；叶柄先端有2—4腺体。花序伞房总状，有花3—15朵；萼筒管状，萼片三角披针形；花重瓣，白色或粉红色；雄蕊多数。核果，球形，紫黑色。花期4—5月，果期6—7月。

分　　布：原产日本，我国各地栽培。

用　　途：栽培供观赏。

67 垂枝大叶早樱（蔷薇科　樱属）

Cerasus subhirtella (Miq.) S. Ya. Sokolov var. *pendula* (Tanaka) T.T. Yu & C. L. Li

校园分布 主楼北侧。

专业描述：落叶乔木。枝条开展成弯弓形，小枝下垂呈鞭状。叶卵形，先端渐尖，基部宽楔形，边缘有细锐锯齿或重锯齿。花序伞形，有花2—3朵，花叶同开；萼筒管状，萼片5；花瓣淡粉色，倒卵长圆形，先端下凹；雄蕊约20。核果卵球形，黑色。花期4—5月。

分　　布：原产日本，北京引种栽培。

用　　途：栽培供观赏。

68 木瓜（蔷薇科　木瓜属）

Chaenomeles sinensis (Thouin) Koehne

校园分布 图书馆周边。

专业描述：灌木或小乔木。枝无刺。叶卵圆形，边缘带刺芒状尖锐锯齿。花单生叶腋；花瓣淡粉色；雄蕊多数；花柱3—5，基部合生。梨果长椭圆形，长10—15厘米，暗黄色，木质，芳香。花期4—5月，果期9—10月。

分　　布：产我国南方，北京有栽培。

用　　途：果皮干燥后仍光滑，不皱缩，固有光皮木瓜之称。果实味涩，糖渍后方能食用。

小 知 识：《诗经》“投之以木瓜，报之以琼琚”中的木瓜应为本种。今水果“木瓜”为番木瓜科番木瓜（*Carica papaya* L.），原产热带美洲，我国福建、台湾、广东、广西、云南南部有栽培。

69 山楂（蔷薇科　山楂属）

Crataegus pinnatifida Bunge

校园分布 广布，绿园、荷塘等地。

专业描述：落叶乔木。小枝有刺，有时无刺。叶宽卵形，有3—5对羽状深裂片，边缘有重锯齿。伞房花序，多花，花白色。梨果近球形，直径1—1.5厘米，深红色，有浅色斑点，萼片宿存。花期5—6月，果期9—10月。

分　　布：分布于东北、华北各省；生在山坡林边或灌丛中。

用　　途：栽培供观赏；可做山里红或苹果的砧木。果生吃或做果酱、果糕；亦可药用。

小 知 识：变种山里红var. *major* N. E. Br.，相对山楂，果较大，直径2.5厘米，深亮红色；叶片大，分裂较浅。枝刺也少。水果山楂实际上是山里红的果实。家属区有栽种。

山里红

70 山荆子（蔷薇科 苹果属）

Malus baccata (L.) Borkh.

校园分布 绿园。

专业描述：乔木。叶片椭圆形或卵形，边缘有细锯齿。伞形花序有花4—6朵，无总梗，集生于小枝顶端；花白色，直径3—3.5厘米；萼片5，披针形；花瓣5，倒卵形；雄蕊15—20；花柱5。梨果近球形，红色或黄色，萼裂片脱落。花期4—5月，果期8—9月。

分　　布：分布于东北、华北、西北；生山坡杂木林。

用　　途：栽培供观赏。可作苹果砧木。

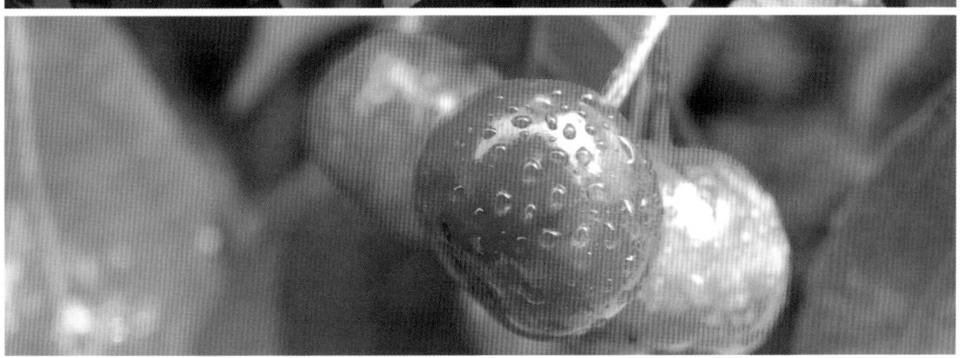

乔木

71 海棠花（蔷薇科　苹果属）

Malus spectabilis (Aiton) Borkh.

校园分布 工字厅南侧等地。

专业描述：乔木。叶片椭圆形，边缘有紧贴细锯齿。花序近伞形，有花4—6朵，花梗长2—3厘米；花直径3—4厘米；萼片5，三角卵形，全缘；花瓣卵形，白色，在芽中呈粉红色；雄蕊20—25，花丝长短不等；花柱5。果实近球形，黄色，萼片宿存。花期4—5月，果期8—9月。

分　　布：华北、华东地区常见栽培。

用　　途：栽培供观赏。

72 西府海棠（蔷薇科 苹果属）

Malus micromalus Makino

校园分布 广布，绿园、生物学馆南侧等地。

专业描述：乔木。叶片椭圆形，边缘有锐锯齿。伞形总状花序，有花4—7朵，花梗长2—3厘米；花直径约4厘米；萼筒外面密生白色柔毛，萼裂片披针形；花瓣5，粉红色；雄蕊约20；花柱5。梨果近球形，红色，萼裂片多数脱落，少数宿存。花期4—5月，果期8—9月。

分　　布：分布于华北、云南。

用　　途：栽培供观赏；果鲜食及加工用；也可作苹果砧木。

乔
木

73 垂丝海棠(蔷薇科　苹果属)

Malus halliana Koehne

校园分布 绿园、图书馆西侧、荷塘等地。

专业描述：乔木。树冠开展。叶片卵形，边缘有圆钝细锯齿。伞房花序，具花4—6朵，花梗细弱，长2—4厘米，下垂，紫色；花直径3—4厘米；萼片5，三角卵形；花瓣5，倒卵形，粉红色；雄蕊20—25；花柱4或5。梨果倒卵形，略带紫色。花期4—5月，果期9—10月。

分　　布：产江苏、浙江、安徽、陕西、四川、云南；北京有栽培。

用　　途：栽培供观赏。

74 苹果（蔷薇科　苹果属）

Malus pumila Mill.

校园分布 生物学馆南侧。

专业描述：乔木。小枝初密生绒毛。叶片椭圆形，有圆钝锯齿，幼时两面具短柔毛。伞房花序，有花3—7朵，集生小枝顶端；花直径3—4厘米；萼筒密被绒毛；花瓣5，白色或带粉红色；雄蕊20；花柱5。梨果扁球形，形状大小随品种不同差异甚大。花期5月，果期7—10月。

分　　布：原产欧洲，我国引种栽培。

用　　途：常见水果。

75 稠李（蔷薇科　稠李属）

Padus avium Mill.

校园分布 绿园。

专业描述：落叶乔木，少有灌木。叶椭圆形，边缘有锐锯齿。总状花序，疏松下垂；萼筒杯状，花后反折；花瓣 5，白色，有香味，倒卵形；雄蕊多数；心皮 1，花柱比雄蕊短。核果球形，黑色，有光泽。花期 4—6 月，果期 7—9 月。

分　　布：分布于东北、华北、西北；生山坡杂木林中。

用　　途：栽培供观赏。

76 石楠（蔷薇科　石楠属）

Photinia serratifolia (Desf.) Kalkman

校园分布 家属区。

专业描述：常绿灌木或小乔木。叶革质，长椭圆形，边缘疏生细锯齿，近基部全缘。复伞房花序顶生；花密生，白色，直径6—8毫米；萼筒杯状；花瓣5；雄蕊20。梨果球形，红色或褐紫色。花期4—5月，果期10月。

分　　布：分布于南方各省，北京有栽培。

用　　途：栽培供观赏。

77 紫叶李（蔷薇科　李属）

Prunus cerasifera Ehrh. f. *atropurpurea* (Jacq.) Rehder

校园分布 广布。

专业描述：灌木或小乔木。叶片椭圆形，紫色，边缘有锯齿。花单生，花瓣5，白色，长圆形；雄蕊多数，花丝长短不等，紧密地排成不规则2轮；雌蕊1，心皮被长柔毛。核果近球形，暗红色。花期4—5月，果期8月。

分　　布：华北地区常见栽培。

用　　途：栽培供观赏。

78 李（蔷薇科　李属）

Prunus salicina Lindl.

校园分布 生物学馆南侧。

专业描述：落叶乔木。叶倒卵形，边缘有圆钝重锯齿。花先叶开放，直径2厘米，通常3朵簇生；萼筒钟状，裂片5，卵形；花瓣5，白色；雄蕊多数；心皮1，无毛。核果卵球形，大小因品种而不同。花期4月，果期7—8月。

分　　布：全国各地栽培。

用　　途：常见水果。

79 白梨（蔷薇科 梨属）

Pyrus bretschneideri Rehder

校园分布 生物学馆南侧。

专业描述：乔木。叶片卵形，先端渐尖或具长尾尖，基部宽楔形，边缘有尖锐锯齿，齿尖有长芒刺。伞形总状花序，有花7—10朵；花瓣白色；花柱4—5，离生。梨果卵形或近球形，大小随品种不同有很大差距。花期4—5月，果期8—9月。

分　　布：华北地区栽种果树之一，品种众多。

用　　途：常见水果。

80 花楸树（蔷薇科　花楸属）

Sorbus pohuashanensis (Hance) Hedl.

别　　名：百花花楸

校园分布 蒙民伟楼西侧。

专业描述：乔木。奇数羽状复叶；小叶11—15，卵状披针形，边缘有细锐锯齿；托叶草质，宿存。复伞房花序多花密集；花白色，直径6—8毫米。梨果近球形，红色，萼裂片宿存闭合。花期6月，果期9—10月。

分　　布：分布于东北、华北；生山坡和山谷杂木林。

用　　途：栽培供观赏。

81 合欢（含羞草科　合欢属）

Albizia julibrissin Durazz.

别　　名：马缨花

校园分布 家属区。

专业描述：落叶乔木。二回羽状复叶，羽片4—12对，小叶20—60，长圆形，全缘。头状花序在枝端排列为圆锥花序；花萼5裂，钟形；花冠漏斗状，顶端5裂；雄蕊多数，粉红色，花丝长2.5厘米。荚果扁平，带状。花期6—7月；果期8—10月。

分　　布：南北各省均有分布。

用　　途：栽培供观赏。

82 皂荚（云实科　皂荚属）

Gleditsia sinensis Lam.

校园分布 绿园、紫荆公寓附近。

专业描述：落叶乔木。枝刺粗壮分枝。羽状复叶簇生，小叶6—14；小叶长卵形，边缘有细锯齿。花杂性，排成总状花序；萼裂4，披针形；花瓣4，黄白色。荚果条形，稍厚，黑棕色，有白粉霜。花期5—6月，果期10月。

分　　布：全国广布。

用　　途：木材可制家具。荚果煎汁可做肥皂。果瓣和种子入药，有祛痰通窍、消肿的功效。

83 刺槐（蝶形花科　刺槐属）

Robinia pseudoacacia L.

别　　名：洋槐

校园分布 广布，生命科学馆南侧、绿园、家属区等地。

专业描述：落叶乔木。树皮褐色。奇数羽状复叶，叶柄基部常有2托叶刺；小叶7—11，互生，椭圆形，全缘。总状花序，腋生；花萼杯状，浅裂；蝶形花冠，白色，旗瓣近圆形，外卷。荚果扁，长圆形，长3—10厘米。花期4—5月，果期7—9月。

分　　布：原产美国，我国广泛栽培。

用　　途：蜜源植物；优质固沙保土树种。

小 知 识：栽培变种红花洋槐'Decaisneana'，花粉红色，花期4—5月，清华大学西大操场南侧有栽种。

红花洋槐

84 紫薇（千屈菜科　紫薇属）
Lagerstroemia indica L.

别　　名：痒痒树

校园分布　广布，校河沿岸等地。

专业描述：落叶小乔木或灌木。树皮褐色，平滑。小枝幼时略四棱形。叶对生或近对生，椭圆形。圆锥花序顶生；花淡红色、紫色或白色；花萼半球形，顶端6浅裂；花瓣6，呈皱缩状，基部具长爪；雄蕊多数。蒴果近球形，6瓣裂。花果期7—10月。

分　　布：我国各地普遍栽培。

用　　途：栽培供观赏。

85 石榴（石榴科　石榴属）

Punica granatum L.

别　　名：安石榴

校园分布 广布，生物学馆南侧、紫荆公寓附近、家属区等地。

专业描述：落叶灌木或小乔木；小枝一般有刺针。叶对生或近簇生，倒卵形，全缘。花红色，稀为白色或黄色；萼片5—8，肉质，宿存；花瓣5—7或重瓣。浆果，近球形，褐黄色至红色。花期6—7月，果期9—10月。

分　　布：原产亚洲中部，我国南北各省区均有栽培。

用　　途：果可食用。果皮及根、花入药，有收敛止泻、杀虫的功效。

小 知 识：石榴的可食部分为肉质假种皮。

86 珙桐（蓝果树科 珙桐属）
Davidia involucrata Baill.

别　　名：中国鸽子树

校园分布 工字厅南侧、新水利馆周边、绿园。

专业描述：落叶乔木。叶互生，纸质，宽卵形，基部心形，边缘有粗锯齿。花杂性，由多数雄花和一朵两性花组成顶生的头状花序，花序下有两片白色大苞片，苞片卵形。核果长卵形，紫绿色，有黄色斑点。花期4—5月，果期10月。

分　　布：分布于湖北西部、四川、贵州及云南北部，生海拔1800—2200米的山地林中。

用　　途：栽培供观赏。

小 知 识：珙桐的花序下有两片乳白色的大苞片，如同鸽子一般，非常美丽，因此常被称为鸽子树。珙桐为第三纪孑遗植物，国家一级保护植物。

87 灯台树（山茱萸科　山茱萸属）

Cornus controversa Hemsl.

校园分布 生物学馆南侧。

专业描述：落叶乔木。叶互生，宽卵形，顶端渐尖，基部圆形，全缘。伞房状聚伞花序顶生；花小，白色；萼钟状，边缘4齿；花瓣4，长披针形；雄蕊4，伸出。核果球形，紫红色至蓝黑色。花期5月，果期9—10月。

分　　布：南北各省均有分布。

用　　途：木材供建筑用，果核油供制皂及润滑油。

88 白杜（卫矛科　卫矛属）

Euonymus maackii Rupr.

别　　名：明开夜合、丝棉木

校园分布 广布，绿园、2号楼北侧等地。

专业描述：落叶灌木或小乔木。树皮灰褐色。叶卵形，叶柄明显，边缘具细锯齿。聚伞花序，腋生，3至多花；花4数，淡绿色；花药紫红色，花盘肥大。蒴果，4浅裂，成熟后果皮粉红色。假种皮橙红色。花期5—6月，果期9—10月。

分　　布：我国南北各省均有分布，野生或栽培；生林缘、路旁。

用　　途：栽培供观赏。

89 枣(鼠李科 枣属)

Ziziphus jujuba Mill.

校园分布 广布，生物学馆南侧、家属区等地。

专业描述：灌木或小乔木。幼枝红褐色，呈“之”字弯曲。托叶刺状。小枝簇生，复叶状；叶椭圆形，有细锯齿，基生三出脉。花黄绿色，2—3朵簇生叶腋。核果，长圆形，红褐色。花期5—6月，果期9月。

分　　布：全国广泛栽培，生长于向阳或干燥山坡、山谷、丘陵、平原或路旁，耐干旱。

用　　途：果实味甜，可食用或做蜜饯，为食品原料；也可药用，能养胃、健脾，益血、滋补、强身。

小 知 识：变种酸枣var. *spinosa* Hu ex H. F. Chow，常为灌木，叶较小，核果，近球形，具薄的中果皮，味酸。广泛分布于我国北方地区。为蜜源植物。酸枣仁入药，能镇静安神。果肉含丰富维生素C，可生食或制果酱。水木清华有野生植株。

酸枣

90 文冠果（无患子科　文冠果属）

Xanthoceras sorbifolia Bunge

乔木

校园分布 绿园、观畴园西侧等地。

专业描述：灌木或小乔木。奇数羽状复叶；小叶9—19，披针形，边缘具锐锯齿。圆锥花序；花杂性；两性花顶生，雄花序腋生；花瓣5，白色，基部红色或黄色。蒴果绿色。花期4—5月，果期7—8月。

分　　布：分布于东北、华北、西北。

用　　途：栽培供观赏，种子可食。文冠果是我国北方很有发展前景的油料作物，近年来大量栽培。

91 日本七叶树（七叶树科　七叶树属）

Aesculus turbinata Blume

校园分布 绿园。

专业描述：落叶乔木。掌状复叶对生，有小叶5—7，椭圆形，无小叶柄，边缘有圆齿。圆锥花序顶生，直立。花较小，白色或淡黄色，有红色斑点。果实卵圆形，深棕色，有疣状突起。花期5—7月，果期9月。

分　　布：原产日本，我国引种栽培。

用　　途：可做行道树。木材做建筑之用。

小 知 识：校园共有3种七叶树，以七叶树最为常见，区别在于七叶树的小叶有明显的小叶柄，而日本七叶树和欧洲七叶树的小叶没有小叶柄。日本七叶树叶缘具圆齿；蒴果卵圆形，有疣状突起，区别于欧洲七叶树叶缘具重锯齿，蒴果近球形，具刺。

92 欧洲七叶树（七叶树科　七叶树属）

Aesculus hippocastanum L.

校园分布 绿园。

专业描述：落叶乔木。掌状复叶对生，有5—7小叶，小叶无小叶柄，倒卵形，边缘有重锯齿。圆锥花序顶生；花较大，白色，有红色斑纹。蒴果，近球形，褐色，有刺。花期5—6月，果期9月。

分　　布：原产阿尔巴尼亚和希腊，我国有引种。

用　　途：可做行道树。木材良好，可做各种器具。

93 元宝槭（槭树科　槭属）

Acer truncatum Bunge

别　　名：平基槭

校园分布 广布。

专业描述：落叶乔木。单叶，对生，常5裂，基部截形。伞房花序顶生；花黄绿色，雄花与两性花同株；萼片5，黄绿色；花瓣5，黄色或白色，倒卵形；雄蕊8，着生于花盘内侧边缘上。小坚果，双翅果。花期4—5月，果期9—10月。

分　　布：分布于东北、华北；常生于海拔500米的林中。

用　　途：可作行道树、庭院观赏树种。

小 知 识：平常所称的“枫树（maple）”一般指的就是槭树科“槭属”植物，常见的有元宝槭（枫）、鸡爪槭（枫）。槭属植物有200多种，广泛分布于亚洲、欧洲和美洲。元宝槭是北京地区秋季观赏红叶的重要种类之一。其他红叶种类还有黄栌、火炬树、五叶地锦等。

94 鸡爪槭（槭树科　槭属）
Acer palmatum Thunb.

校园分布 广布，近春园楼周边、观畴园、生物学馆等地。

专业描述：落叶小乔木。叶对生，近圆形，基部心形，7—9掌状深裂，裂片长卵形，边缘有重锯齿。伞房花序；花紫色，雄花与两性花同株，花萼5，花瓣5。翅果幼时紫红色，成熟后为棕黄色。花期4—5月，果期9—10月。

分　布：广布于长江流域，北京有栽培。

用　途：栽培供观赏。

小知识：栽培变种红叶鸡爪槭‘Rubellum’，又称“红枫”。自初春至秋，叶片始终为深红色或鲜红色，裂片狭长，裂缘有缺刻状细锯齿，各地有栽培。清华大学校园亦有栽种。

红枫

95 三角槭（槭树科 槭属）

Acer buergerianum Miq.

别　　名：三角枫

校园分布 绿园。

专业描述：落叶乔木。单叶，对生，纸质，卵形，顶部常3浅裂，基部圆形。伞房花序顶生，萼片5；花瓣5，黄绿色。翅果，小坚果凸出，翅张开成锐角或直立。花期4月，果期8—9月。

分　　布：广布于长江流域各省，北京有栽培。

96 梣叶槭（槭树科　槭属）

Acer negundo L.

别　　名：复叶槭

校园分布 绿园、主楼北侧等地。

专业描述：落叶乔木。羽状复叶，小叶3—7，卵形至披针状椭圆形，边缘有粗锯齿。花小，开于叶前，雌雄异株，无花瓣和花盘；雄花成聚伞状花序；雌花成总状花序。翅果，两翅向内稍弯曲并展开成锐角。花期4—5月，果期6—7月。

分　　布：分布于北美洲，我国广泛栽培。

用　　途：栽培供观赏。

97 挪威槭（槭树科　槭属）

Acer platanoides L.

校园分布 主楼北侧。

专业描述：落叶乔木。叶大，对生，掌状5裂，边缘具粗齿。早春先叶开花，花小，黄绿色，15—30朵组成伞房花序。双翅果，两翅展开接近180°。花期4—5月，果期9—10月。

分　　布：分布于欧洲，我国引种栽培。

用　　途：栽培供观赏，可作行道树。木材可作建筑和家具用材。

98 茶条槭（槭树科 槭属）

Acer tataricum L. subsp. *ginnala* (Maxim.) Wesmael

别　　名：茶条枫

校园分布 微电子所西侧。

专业描述：落叶灌木或小乔木。单叶，纸质，卵形，常羽状3—5裂，边缘具不整齐疏锯齿。伞房花序顶生；花杂性；萼片5；花瓣5，白色。翅果，两翅直立，成锐角。花期4—5月，果期7—8月。

分　　布：东北、华北有分布。

用　　途：栽培供观赏。

99 红叶（漆树科　黄栌属）

Cotinus coggygria Scop. var. *cinerea* Engl.

别　　名：黄栌

校园分布 广布。

专业描述：落叶灌木或小乔木。单叶，互生，卵圆形，全缘。圆锥花序顶生；花杂性，小型。果序具多条羽毛状不育花梗。核果小，肾形，红色。花期4—5月，果期6—7月。

分　　布：分布于华北和华中，生海拔600—1500米向阳山林中。

用　　途：栽培供观赏。树皮、叶可提制烤胶。木材可提黄色染料。枝及叶入药，能消炎、清湿热。

小 知 识：叶到秋季变红，颇为美丽，北京“西山红叶”即此。

100 黄连木（漆树科　黄连木属）

Pistacia chinensis Bunge

校园分布 绿园。

专业描述：落叶乔木，有特殊气味。偶数羽状复叶互生，小叶10—12，具短柄，披针形，全缘。花单性，雌雄异株，腋生圆锥花序；雄花序排列紧密，雌花序疏松；花小，无花瓣。核果倒卵圆形，初为黄白色，成熟时变红色、紫蓝色。花期4—5月，果期7—9月。

分　　布：南北各省均有分布；生平原、山林中。

用　　途：木材可作建筑及家具用材。根、枝、叶和皮可作农药。种子油可作润滑油。

101 火炬树（漆树科　盐肤木属）

Rhus typhina L.

校园分布 绿园、主楼北侧。

专业描述：灌木或小乔木。具白色乳汁。奇数羽状复叶，小叶19—31，披针形，边缘有锯齿。圆锥花序顶生，花小，带绿色。核果，球形，深红色，有毛。花期7—8月，果期9—10月。

分　　布：原产北美，我国华北、西北地区有种植。

用　　途：栽培供观赏。

小 知 识：果序红色，似火炬，故名。变种裂叶火炬树var. *laciniata* Alph. Wood，小叶羽状条裂，绿园有栽培。

裂叶火炬树

102 臭椿（苦木科　臭椿属）

Ailanthus altissima (Mill.) Swingle

校园分布 广布。

专业描述：落叶乔木。树皮平滑，有直的浅裂纹。奇数羽状复叶，互生，小叶13—25，揉搓后有臭味，卵状披针形，基部有1—2对粗锯齿，齿端各具1腺体。圆锥花序顶生；花杂性，白色带绿。翅果，长圆状椭圆形。花期6—7月，果期9—10月。

分　　布：全国广布。

用　　途：常作庭院树和行道树。

103 楝（楝科　楝属）

Melia azedarach L.

别　　名：楝树

校园分布 绿园。

专业描述：落叶乔木。2—3回奇数羽状复叶，互生；小叶卵形，叶缘具钝锯齿。聚伞圆锥花序，腋生；花芳香；花萼5深裂；花瓣5，淡紫色；雄蕊10，花丝合生成筒；子房球形。核果，球形。花期4—5月，果期9—10月。

分　　布：分布于黄河以南各省，现广泛引种栽培。

用　　途：木材供建筑等用。树皮、叶、果入药。

104 香椿（楝科　香椿属）

Toona sinensis (A. Juss.) Roem.

校园分布 广布，家属区栽种较多。

专业描述：落叶乔木。树皮灰褐色，片状剥落。偶数羽状复叶，有特殊气味；小叶10—22，对生，披针形。圆锥花序顶生；花芳香；白色。蒴果卵形，5瓣裂开。花期5—6月，果期8—9月。

分　　布：广泛分布于南北各省，常生长于村边、路旁及房前屋后。

用　　途：嫩芽称香椿头，可作蔬菜食用。木材通直，是造船、建筑材料。种子亦可榨油。根皮及果入药，有收敛止血、去湿止痛的功效。

小 知 识：香椿和臭椿属不同科植物，但两者外形极为相似，故有不少人将它们混为一谈，其区别点为：1. 香椿为楝科香椿属的植物；臭椿为苦木科臭椿属植物。2. 两者叶形均为羽状复叶，香椿为偶数羽状复叶（有时奇数）；臭椿为奇数羽状复叶，小叶基部常有2—4粗齿，齿端有腺体。3. 香椿树皮常剥落呈条块状；臭椿树皮表面平滑。4. 香椿的果实为蒴果；臭椿的果实为翅果。

105 枳（芸香科　枳属）

Poncirus trifoliata L. Raf.

别　　名：枸橘

校园分布 绿园。

专业描述：落叶灌木或小乔木，枝刺多而尖锐。三出复叶；叶柄有翅。花白色，芳香，先叶开放。柑果球形，橙黄色，有香气。花期4—5月，果期8—10月。

分　　布：产我国中部，广泛栽种作绿篱。

用　　途：果入药，可健胃消食，理气镇痛。叶可行气消食、止呕。

小 知 识："橘生淮南则为橘，生于淮北则为枳"出自《晏子春秋》，意即橘这种水果适宜生长在淮南，如果移到淮北就变成又小又苦的枳了。其实，橘和枳是两种不同的植物，均属于芸香科，但不同属。橘即柑橘(*Citrus reticulata* Blanco)，也就是水果中最常见的橘子，为柑橘属植物，我国南方各省有栽培。枳也称枸橘，为芸香科枳属植物，我国南北各省均产，果实酸且苦，没有橘子好吃，常作药用。

106 花椒（芸香科　花椒属）

Zanthoxylum bungeanum Maxim.

校园分布 家属区。

专业描述：落叶灌木或小乔木，具香气。具皮刺。奇数羽状复叶，互生，叶柄基部有一对扁平的皮刺；小叶5—11，卵形。聚伞状圆锥花序顶生；花单性，花被片4—8，一轮。蓇葖果球形，红色至紫红色，密生疣状突起的腺体。花期4—6月，果期7—9月。

分　　布：全国广布。

用　　途：果实为调味料，并可提取芳香油；亦可入药，有散寒燥湿，杀虫的功效。

小 知 识：花椒的记载最早见于《诗经》。花椒树结实累累，是子孙繁衍的象征，故《诗经·唐风·椒聊》称："椒聊之实，繁衍盈升。"古代人认为花椒的香气可以辟邪，汉代皇后所居的宫殿，常以花椒和泥涂墙壁，取温暖、芳香、多子之义，称为"椒房"，亦称"椒室"。后亦用为后妃的代称。

107 流苏树（木犀科　流苏树属）

Chionanthus retusus Lindl. & Paxton

校园分布 广布，绿园、近春园楼周边、化学馆周边、汽车研究所西侧等地。

专业描述：落叶灌木或小乔木。叶对生，革质，卵形，全缘。聚伞状圆锥花序，着生在枝顶；花单性，白色，雌雄异株；花冠4深裂，裂片线状倒披针形。核果椭圆状，成熟时黑色。花期5—6月，果期9—10月。

分　　布：南北各省均有分布或栽培。

用　　途：栽培供观赏。

108 湖北梣（木犀科　梣属）

Fraxinus hupehensis S. Z. Qu, C. B. Shang & P. L. Su

别　　名：湖北白蜡，对节白蜡

校园分布　丙所周边、生物学馆南侧、绿园。

专业描述：落叶乔木。树皮深灰色，老时纵裂；营养枝常呈棘刺状。奇数羽状复叶，小叶7—9，革质，披针形，边缘具锐锯齿。花杂性，密集簇生于去年生枝上。翅果匙形。花期4月，果期9月。

分　　布：分布于湖北，北京引种栽培。

用　　途：栽培供观赏。

109 美国红梣（木犀科　梣属）

Fraxinus pennsylvanica Marshall

别　　名：洋白蜡

校园分布 主楼北侧。

专业描述：落叶乔木。奇数羽状复叶，小叶5—9，常7，小叶卵形，全缘或有不明显钝锯齿。圆锥花序生于去年生枝上；花密集，杂性，与叶同时开放。翅果，长圆形。花期4—5月，果期8—9月。

分　　布：原产北美，我国各地普遍栽培。

用　　途：栽培供观赏，常作行道树。

110 北京丁香（木犀科　丁香属）

Syringa reticulata (Blume) H.Hara subsp. *pekinensis* (Rupr.) P. S. Green & M. C. Chang

校园分布 校河沿岸、图书馆周边、水木清华等地。

专业描述：落叶灌木或乔木。叶对生，卵形，纸质，全缘。圆锥花序，大，长8—15厘米；花黄白色；花冠管短；雄蕊与花冠裂片等长。蒴果长圆形，先端尖。花期6—7月，果期8—9月。

分　　布：分布于华北各省，生山坡阳处或河沟。

用　　途：为蜜源植物，栽培供观赏。

小 知 识：本种叶形和暴马丁香极相似，区别在于本种雄蕊与花冠裂片近等长；叶纸质，下面侧脉不隆起，而暴马丁香雄蕊长于花冠的2倍；叶厚纸质，下面侧脉隆起。

111 暴马丁香（木犀科　丁香属）

Syringa reticulata (Blume) H. Hara subsp. *amurensis* (Rupr.) P. S. Green & M. C. Chang

校园分布 校河沿岸。

专业描述：落叶乔木。叶对生，卵形，厚纸质，全缘，下面脉纹明显。圆锥花序，大，长10—20厘米；花白色；花冠管短；雄蕊伸出，长为花冠的2倍。蒴果，长圆形。花期6月，果期8—9月。

分　　布：分布于东北各省；生山坡灌丛。

用　　途：栽培供观赏。

112 毛泡桐（玄参科　泡桐属）

Paulownia tomentosa (Thunb.) Steud.

校园分布 广布，图书馆北侧等地。

专业描述：落叶乔木，高可达20米。树皮灰褐色。叶大型，对生，具长柄；叶片心形，全缘或波状浅裂。聚伞圆锥花序；花萼浅钟状，密被星状绒毛，5裂；花冠淡紫色，二唇形；雄蕊4，2强。蒴果卵圆形，外果皮硬革质。花期4—5月，果期8—9月。

分　　布：原产我国，华北、华中、西北有栽培。

用　　途：材质优良，速生且耐盐碱。

113 楸（紫葳科 梓属）

Catalpa bungei C. A. Mey.

别　　名：楸树

校园分布 主楼北侧。

专业描述：落叶乔木，高达15米。叶对生，卵形，全缘，有时基部边缘有1—4对齿或裂片，两面无毛。伞房状总状花序，有花3—12朵；花冠白色，内有紫色斑点。蒴果，长25—50厘米。花期5—7月，果期6—9月。

分　　布：分布于长江流域及华北各省。

用　　途：木质优良，花可提取芳香油。种子入药，有利尿的功效。

114 梓（紫葳科　梓属）

Catalpa ovata G. Don

别　　名：梓树

校园分布 绿园、汽车研究所西侧、家属区等地。

专业描述：落叶乔木。叶对生，宽卵形，先端常3—5浅裂，基部心形。花多数，组成圆锥花序；花冠淡黄色，二唇形，内有黄色线纹和紫色斑点。蒴果长20—30厘米。花期5—7月，果期7—9月。

分　　布：分布于长江流域及以北地区。

用　　途：木质优良，栽培供观赏。

115 黄金树（紫葳科　梓属）

Catalpa speciosa (Warder ex Barney) Engelm.

校园分布 绿园。

专业描述：落叶乔木。叶对生，宽卵形，全缘，背面密生弯柔毛。圆锥花序顶生，长约15厘米，有花10数朵；花萼2裂；花冠钟形，二唇形；白色，内有2条黄色条纹及淡紫色斑点；能育雄蕊2枚。蒴果，长30—40厘米。花期6—8月，果期7—9月。

分　　布：原产美国，我国广为栽培。

用　　途：栽培供观赏。

小 知 识：梓属校园共有3种植物，区别在于楸叶卵形，叶背光滑，花冠淡红色；梓叶宽卵形，先端常具3—5裂，花冠黄白色；黄金树叶宽卵形，叶背密生柔毛，花冠白色。

116 聚花荚蒾（忍冬科 荚蒾属）

Viburnum glomeratum Maxim.

别　　名：球花荚蒾、丛花荚蒾

校园分布 绿园。

专业描述：落叶灌木或小乔木。叶对生，宽倒卵形至椭圆形，边缘有锯齿，侧脉5—11对，伸达齿端。复伞状聚伞花序稠密，直径4—10厘米；花冠白色，辐状，长约2.5毫米；雄蕊5，长于花冠。核果红色，椭圆状卵形。花期4—5月，果期9—10月。

分　　布：分布于西南、华中，北京有栽培。

用　　途：栽培供观赏。

117 铺地柏（柏科　刺柏属）

Juniperus procumbens (Endl.) Siebold ex Miq.

校园分布 绿园。

专业描述：常绿匍匐状灌木。枝条沿地面扩展，稍向上斜升。叶全为刺形，3枚轮生，深绿色。球果近球形，蓝色，有白粉。花期4—5月，球果9—10月成熟。

分　　布：原产日本，北京有栽培。

用　　途：栽培供观赏。

118 叉子圆柏（柏科　刺柏属）

Juniperus sabina L.

别　　名：沙地柏

校园分布 图书馆周边、绿园。

专业描述：常绿匍匐灌木。叶二型，刺形叶常生于幼龄植株上，有时壮龄植株亦有少量刺形叶，常交互对生或三叶轮生；鳞形叶常生于壮龄植株及老树上。球果生于弯曲的小枝顶端，有白粉。花期4—5月，球果9—10月成熟。

分　　布：分布于西北地区。

用　　途：耐旱性强，可做水土保持和防风固沙树种。

灌
木

119 粉柏（柏科　刺柏属）

Juniperus squamata Buch. -Ham. ex D. Don ‘Meyeri’

别　　名：翠柏

校园分布 广布。

专业描述：直立灌木。叶全为刺形，三叶轮生，披针形或窄披针形，基部下延，长5—10毫米，先端渐尖，上面稍凹，具白粉带。雄球花卵圆形。球果卵圆形或近球形，熟后黑色或蓝黑色，无白粉。花期4—5月，球果当年秋季成熟。

分　　布：分布于南方各省。

用　　途：栽培供观赏，常用做绿篱。

120 紫玉兰（木兰科　玉兰属）

Yulania liliiflora (Desr.) D. L. Fu

别　　名：辛夷、木笔

校园分布　广布，绿园等地有分布。

专业描述：落叶灌木，常丛生。叶倒卵形，全缘，具环状托叶痕。花单生于枝顶，先叶开放或与叶同时开放；花被片9；萼片3，绿色；花瓣6，外面紫色或紫红色，内面白色；心皮多数。聚合蓇葖果，圆柱形。花果期4—7月。

分　　布：原产湖北，现各地栽培。

用　　途：栽培供观赏。树皮、叶、花入药，有通鼻窍，祛风发散的功效。

灌木

121 蜡梅 (蜡梅科　蜡梅属)
Chimonanthus praecox (L.) Link

校园分布 广布，同方部周边、荷塘、绿园、图书馆北侧等地有分布。

专业描述：落叶灌木。叶对生，卵形，纸质。花先叶开放，芳香；花被多片，蜡黄色，有光泽；内层小，基部有紫晕；雄蕊5—6；心皮多数，分离，生于壶形花托内。花托在果时增大，蒴果状。花期2—3月，果期9—10月。

分　　布：各省均有栽培。

用　　途：栽培供观赏，品种较多。花可提取芳香油，并为解毒生津药，花蕾油可治烫伤。根、茎入药，能祛风理气，活血解毒。

122 日本小檗（小檗科　小檗属）

Berberis thunbergii DC.

校园分布 广布。

专业描述：落叶灌木。幼枝紫红色，老枝暗红色。刺细小，单一。叶倒卵形，全缘。花序伞形或近簇生，少有单花，黄白色。萼片，花瓣状，排列成2轮；花瓣6，倒卵形；雄蕊6。浆果长椭圆形，熟时红色。花期4—6月，果期7—9月。

分　　布：原产日本，我国各地普遍栽培。

用　　途：栽培供观赏。根、茎含小檗碱，可提取黄连素。

灌木

灌

木

123 黄芦木（小檗科　小檗属）

Berberis amurensis Rupr.

别　　名：大叶小檗

校园分布 绿园、蒙民伟楼北侧。

专业描述：落叶灌木。叶刺3分叉，长1—3厘米。叶纸质，椭圆形，长3—8厘米，基部渐狭，边缘密生细锯齿，上面暗绿色。总状花序，下垂，具10—25花；花淡黄色，萼片6，花瓣6，雄蕊6。浆果红色。花期5—6月，果期8—9月。

分　　布：分布于东北、华北、西北。

用　　途：栽培供观赏。

124 涝峪小檗（小檗科　小檗属）

Berberis gilgiana Fedde

校园分布 绿园。

专业描述：落叶灌木。茎刺通常单一或三分叉。叶纸质，倒卵形，全缘或每边具2—9细小刺齿。穗状总状花序，长3—6厘米，具花10—25朵；花鲜黄色；萼片2轮；花瓣椭圆形。浆果红色，长圆形。花期4—5月，果期8—10月。

分　　布：分布于陕西、湖北，北京有栽培。

125 南天竹（小檗科　南天竹属）

Nandina domestica Thunb.

校园分布 荷塘西侧、近春园楼周边、游泳馆西侧。

专业描述：常绿灌木。幼枝常红色。叶为2—3回羽状复叶，互生，小叶革质，椭圆状披针形，全缘，冬季常变红色。圆锥花序顶生，直立；花白色，萼片多轮；雄蕊6，花瓣状。浆果球形，鲜红色。花期5—7月，果期8—10月。

分　　布：原产我国中部地区，北京有栽培。

用　　途：栽培供观赏。种子含油。果实为镇咳药。根、叶有强筋活络、消炎解毒的功效。

126 牡丹（芍药科 芍药属）

Paeonia suffruticosa Andr.

别　　名：花王、国色天香、富贵花、洛阳花、木芍药

校园分布　广布，生物学馆南侧、主楼北侧、第四教室楼等地较多。

专业描述：灌木。叶2回3出复叶，顶生小叶宽卵形，3裂至中部。花大，单生枝顶；萼片5，花瓣5，常为重瓣，玫瑰色、红紫色、粉色至白色。蓇葖果，长圆形，密被黄褐色硬毛。花果期5—6月。

分　　布：各地栽培。

用　　途：著名花卉。根皮入药，称“丹皮”，能凉血散瘀。

小 知 识：牡丹是我国特产名花。牡丹品种很多，花姿优美，花大而艳丽，富丽堂皇，有“国色天香”之称。长期以来，我国人民把牡丹作为幸福、美好、繁荣昌盛的象征。古时牡丹在很长一段时间里，与芍药混称在一起。直到秦汉之间，始从芍药中分出，因其为木本称为“木芍药”。

牡丹有许多别称，各有其来源和出处。《本草纲目》记载：“群芳中以牡丹为第一，故世谓花王”，故牡丹有“花王”之称。牡丹花色艳丽，有冠绝群花之姿，李正封有《咏牡丹》诗句“国色朝酣酒，天香夜染衣”，因此“国色天香”成为牡丹的定评。“富贵花”则取牡丹富丽堂皇之态。据《镜花缘》《事物纪原》的记载，唐武则天冬游后苑，诏令百花齐放，唯有牡丹不从，被贬至洛阳，故牡丹亦有不畏权势的美名，亦被称为“洛阳花”，故而洛阳成为牡丹之乡，有“洛阳牡丹甲天下”之说。

127 小花扁担杆 (椴树科　扁担杆属)

Grewia biloba G. Don var. *parviflora* (Bunge) Hand.-Mazz.

别　　名：孩儿拳头

校园分布 荷塘、水木清华。

专业描述：落叶灌木。叶菱形，具重锯齿，基部三出脉，两面有星状毛。聚伞花序与叶对生，有花5—8朵；花小，淡黄色；雄蕊多数。核果，红色，2裂，每裂有2小核。花期5—7月，果期9—10月。

分　　布：分布于东北、华北、华东、西南，生平原或低山灌丛。

灌木

灌
木

128 柽柳（柽柳科　柽柳属）

Tamarix chinensis Lour.

校园分布 主楼北侧。

专业描述：灌木或小乔木。老枝紫红色。叶淡蓝绿色，鳞片状，平贴于枝条或稍张开。春到秋季均可开花。总状花序常组成顶生圆锥花序。花小，粉红色。蒴果，圆锥形。花果期5—9月。

分　　布：我国南北各省均有分布，常生于盐碱土上。

用　　途：防风固沙植物，亦栽培供观赏。

129 棉花柳（杨柳科　柳属）

Salix leucopithecia Kimura

灌木

别　　名：银柳、银芽柳

校园分布 主楼北侧。

专业描述：灌木，高约2—3米。小枝红褐色。叶长椭圆形，边缘具细锯齿，叶柄明显，托叶大，半心形。雌雄异株，先叶开花，柔荑花序，长2—3.5厘米，无花序梗。花期4月。

分　　布：我国江南地区有栽培，北京有引种。

用　　途：庭院观赏，或作为切花欣赏。

小 知 识：根据日本学者Kimura等的研究，认为本种为细柱柳*Salix gracilistyla* Miq.与*Salix bakko* Kimura（我国不产）杂交产生的一个杂交种，在我国已有五六十年的栽培历史。每年春节前在市场上出售，作为“插花”。此杂交种花芽大而多，小枝粗壮，均为暗红色；尤其是花芽萌发，花序呈现银白色，有光泽，似棉团，故称“棉花柳”或“银柳”。花序可染成各种颜色，十分美观，颇受人们欢迎。

灌木

130 照山白（杜鹃花科　杜鹃花属）

Rhododendron micranthum Turcz.

校园分布 主楼北侧。

专业描述：常绿灌木。幼枝被鳞片。叶散生，厚革质，倒披针形，背面密生淡棕色鳞片。总状花序顶生，多花密集；花小，乳白色；雄蕊10，伸出。蒴果，长圆形。花期5—7月，果期6—8月。

分　　布：广布于东北、华北，西北等地，生林下及灌丛中。

用　　途：栽培供观赏。

照山白

迎红杜鹃

131 迎红杜鹃（杜鹃花科　杜鹃花属）

Rhododendron mucronulatum Turcz.

别　　名：蓝荆子

校园分布 绿园。

专业描述：落叶灌木。小枝细长，疏生鳞片。叶散生，质薄，椭圆形，背面有鳞片。2—5花簇生枝顶，花淡红紫色，先叶开放，花芽鳞宿存；雄蕊10，不等长。蒴果圆柱形，有鳞片。花期5—6月，果期6—7月。

分　　布：分布于东北、华北，生山地灌丛。

用　　途：栽培供观赏。

132 齿叶溲疏（绣球花科　溲疏属）

Deutzia crenata Siebold & Zucc.

校园分布 绿园。

专业描述：灌木。叶对生，卵形，边缘有细锯齿。圆锥花序，直立。萼5裂；花瓣5，长圆形，白色；雄蕊10。蒴果，球形。花果期5—6月。

分　　布：原产长江流域各省，北京有栽培。

用　　途：栽培供观赏。

灌木

133 大花溲疏（绣球花科　溲疏属）

Deutzia grandiflora Bunge

校园分布 绿园。

专业描述：灌木。叶对生，卵形，边缘具小锯齿。聚伞花序，有1—3花；萼筒密生星状毛，裂片5；花瓣5，白色，长圆形；雄蕊10，花丝上部具2长齿；子房下位，花柱3。蒴果半球形，花柱宿存。花期4—5月。

分　　布：分布于东北、华北、华中，生山坡灌丛。

用　　途：栽培供观赏。

灌木

134 小花溲疏（绣球花科　溲疏属）

Deutzia parviflora Bunge

校园分布 绿园、主楼北侧。

专业描述：灌木。叶对生，卵形，边缘具小锯齿。花序伞房状，具多花；萼筒宽钟状，裂片5；花瓣5，白色，倒卵形；雄蕊10；蒴果近球形。花期5—6月。

分　　布：分布于东北、华北、西北。

用　　途：栽培供观赏。

灌木

灌
木

135 东陵绣球（绣球花科　绣球属）

Hydrangea bretschneideri Dippel

别　　名：东陵八仙花

校园分布 汽车研究所西侧。

专业描述：落叶灌木。叶对生，长卵形，基部近楔形，边缘有锯齿。伞房状聚伞花序顶生；花二型；不育花大，萼片4，近圆形，全缘；两性花小，白色；萼裂片5，花瓣5，离生。蒴果近卵形。花期6—7月，果期9—10月。

分　　布：分布于华北、西北，生山谷林下。

用　　途：栽培供观赏。

136 绣球（绣球花科　绣球属）

Hydrangea macrophylla (Thunb.) Ser.

别　　名：阴绣球

校园分布 绿园、游泳馆西侧、西区体育馆西侧。

专业描述：落叶灌木。叶大而稍厚，对生，椭圆形至宽卵形，边缘有粗锯齿。伞房花序顶生，球形，直径可达20厘米；花极美丽，白色、粉红色或变为蓝色，全部都是不育花；萼片4，阔卵形，全缘。花期6—8月。

分　　布：分布于我国长江流域各省，北京有栽培。

用　　途：栽培供观赏。

灌木

绣球

圆锥绣球

137 圆锥绣球（绣球花科　绣球属）

Hydrangea paniculata Siebold

校园分布 图书馆西侧、绿园。

专业描述：落叶灌木。叶对生，有时在枝上部的为3叶轮生，卵形，边缘有细锯齿。圆锥花序顶生；花二型；不育花大，白色，萼片4，卵形，全缘；两性花小，白色，芬香。蒴果近卵形。花期7—9月，果期9—10月。

分　　布：分布于西北、西南、华中、华东、华南各省，北京有引种栽培。

用　　途：栽培供观赏。

138 山梅花（绣球花科　山梅花属）

Philadelphus incanus Koehne

校园分布 荷塘东侧。

专业描述：灌木。叶对生，卵形，具5脉，边缘疏生锯齿。总状花序，具7—11花。花萼密被灰白色柔毛；花瓣4，白色，宽卵形。雄蕊多数；子房下位，4室。蒴果，倒卵形。花果期5—6月。

分　　布：分布于四川、湖北、河南、陕西和甘肃等省，生山地灌丛。

用　　途：栽培供观赏。

139 太平花（绣球花科　山梅花属）

Philadelphus pekinensis Rupr.

校园分布 绿园、图书馆周边、荷塘东侧。

专业描述：灌木。叶对生，卵形，边缘疏生锯齿，具3主脉。总状花序，具5—9花。萼筒无毛，裂片4，宿存；花瓣4，白色，倒卵形；雄蕊多数；子房下位，4室。蒴果，倒圆锥形。花期5—6月，果期8—9月。

分　　布：分布于北、华北、华中，生长在山坡杂木林和灌丛中。

用　　途：栽培供观赏。

冰川茶藨子（茶藨子科　茶藨子属）

Ribes glaciale Wall.

校园分布 主楼北侧。

专业描述：落叶灌木。叶圆形或卵形，3—5裂，中央裂片最长，边缘具粗齿。花单性，雌雄异株，组成总状花序；雄花序有10—30花；雌花序短，具4—10花；花紫褐色。果实近球形，鲜红色。花期4—6月，果期7—9月。

分　　布：西北、西南、华中各省有分布。

用　　途：果可食，栽培供观赏。

141 榆叶梅(蔷薇科　桃属)

Amygdalus triloba (Lindl.) Ricker

校园分布 广布。

专业描述：落叶灌木。叶互生，宽椭圆形，先端短渐尖，常3裂，基部宽楔形，叶边缘具粗锯齿或重锯齿。花1—2朵，先于叶开放，直径2—3厘米；花瓣近圆形，粉红色；雄蕊多数。果实近球形，成熟时红色，外被短柔毛。花期4—5月，果期5—7月。

分　　布：分布于东北、华北、西北、华东。

用　　途：栽培供观赏。

小 知 识：变型重瓣榆叶梅f. *multiplex* (Bunge) Rehder，花为重瓣。清华大学校河沿岸，荷塘周边等地广泛栽培。

重瓣榆叶梅

灌木

142 麦李（蔷薇科　樱属）

Cerasus glandulosa (Thunb.) Loisel.

校园分布 广布，图书馆周边等地。

专业描述：落叶灌木。叶片长圆披针形，先端渐尖，基部楔形，最宽处在中部，边有细钝重锯齿。花单生或2朵簇生，花叶同开或近同开；萼筒钟状，萼片三角状椭圆形，边有锯齿；花瓣5，白色或粉红色，倒卵形；雄蕊多数。核果，近球形。花期4—5月，果期6—8月。

分　　布：分布于南方各省，生山坡灌丛。

用　　途：栽培供观赏。

小 知 识：常见的栽培品种有白花重瓣麦李 f. *albo-plena* Koehne，粉花重瓣麦李 f. *sinensis* (Pers.) Koehne，清华大学校园广泛栽培。

143 郁李（蔷薇科　樱属）

Cerasus japonica (Thunb.) Loisel.

校园分布 绿园。

专业描述：灌木。叶片卵形或卵状披针形，先端渐尖，基部圆形。花1—3朵簇生，花叶同开或先叶开放；花直径1.5厘米；萼筒钟形，萼片花开时反折；花瓣5，白色或粉红色；雄蕊多数。核果近球形，深红色。花期4—5月，果期7—8月。

分　　布：分布于东北、华北。

用　　途：栽培供观赏。种仁入药，名郁李仁。

灌木

灌
木

144 皱皮木瓜（蔷薇科　木瓜属）

Chaenomeles speciosa (Sweet) Nakai.

别　　名：贴梗海棠

校园分布 广布，绿园、图书馆南侧等地。

专业描述：落叶灌木。枝有刺。叶卵形至椭圆形，具尖锐锯齿。花先叶开放，3—5朵簇生于二年生老枝上；花瓣5，倒卵形，猩红色；雄蕊多数；花柱5，基部合生。果实球形或卵球形，较木瓜小；黄色或黄绿色，有芳香。花期3—5月，果期9—10月。

分　　布：分布于我国南方，北京有栽培。

用　　途：栽培供观赏。果实可入药，有驱风、舒经活络的功效。

145 平枝栒子（蔷薇科　栒子属）

Cotoneaster horizontalis Decne.

校园分布 绿园、主楼北侧。

专业描述：匍匐灌木。枝两列水平开展。叶片近圆形，全缘。花1—2朵，近无梗，粉红色，直径5—7毫米；花瓣5，直立，倒卵形。梨果近球形，鲜红色，常3小核。花期5—6月，果期9—10月。

分　　布：分布于西北、华中、西南，生山坡灌丛。

用　　途：栽培供观赏。

灌木

146 水栒子(蔷薇科　栒子属)

Cotoneaster multiflorus Bunge

别　　名：多花栒子

校园分布 绿园。

专业描述：落叶灌木。叶片卵形，全缘。聚伞花序，有花6—20朵；花白色，直径1—1.2厘米；萼片5，花瓣5，雄蕊20；花柱常2，离生。梨果近球形，红色。花期5—6月，果期8—9月。

分　　布：分布于东北、华北、西北和西南，生沟谷或山坡杂木林中。

用　　途：栽培供观赏。

147 白鹃梅（蔷薇科　白鹃梅属）

Exochorda racemosa (Lindl.) Rehder

校园分布 绿园、图书馆南侧。

专业描述：灌木。叶片椭圆形，全缘，稀中部以上有钝锯齿。总状花序，有花6—10朵；花白色；萼筒浅钟状；花瓣倒卵形；雄蕊多数，3—4枚一束，着生在花盘边缘，与花瓣对生；心皮5，花柱分离。蒴果倒圆锥形，具5棱脊。花期5月，果期6—8月。

分　　布：分布于河南、江苏、浙江、江西；生山地阴坡。

用　　途：栽培供观赏。

148 棣棠花（蔷薇科　棣棠花属）

Kerria japonica (L.) DC.

校园分布　广布。

专业描述：灌木。小枝绿色。叶卵形，边缘有重锯齿。花单生于侧枝顶端，直径3—4.5厘米；花瓣5，黄色，宽椭圆形；雄蕊多数，离生；心皮5—8，离生。花期4—6月，果期7—8月。

分　　布：我国各地均有栽培。

用　　途：栽培供观赏。

小 知 识：变型重瓣棣棠花f. *pleniflora* (Witte) Rehder 花黄色，重瓣，春季开花，供观赏。清华大学校园广泛栽培。

灌木

重瓣棣棠花

149 中华绣线梅（蔷薇科　绣线梅属）
Neillia sinensis Oliv.

校园分布 主楼北侧。

专业描述：灌木。叶片卵形，先端长渐尖，边缘有重锯齿，常不规则分裂。顶生总状花序，长4—9厘米；萼筒筒状，裂片三角形；花瓣倒卵形，淡粉色；雄蕊10—15，花丝不等长。蓇葖果长椭圆形，萼筒宿存。花期5—6月，果期8—9月。

分　　布：分布于我国南方各省；生山坡山谷。北京引种栽培。

用　　途：栽培供观赏。

灌
木

150 风箱果（蔷薇科　风箱果属）

Physocarpus amurensis (Maxim.) Maxim.

校园分布 主楼北侧、绿园、游泳馆西侧。

专业描述：灌木。树皮纵向剥裂。叶片三角卵形至宽卵形，边缘有重锯齿。伞形总状花序；花白色；萼筒杯状；花瓣倒卵形；雄蕊20—30；心皮2—4，外被星状柔毛。蓇葖果，膨大，卵形。花期6月，果期7—8月。

分　　布：分布于东北、华北，生山沟、阔叶林缘。

用　　途：栽培供观赏。

151 金露梅（蔷薇科　委陵菜属）

Potentilla fruticosa L.

校园分布 绿园。

专业描述：落叶灌木。奇数羽状复叶，小叶3—7，常5，密集，长椭圆形。花单生枝顶或数朵组成伞房状花序；花直径2—3厘米；副萼5，披针形；萼片5，三角状卵形；花瓣5，黄色。花期5—7月，果期8—9月。

分　　布：分布于东北、华北、西北、西南，生山顶岩石间或灌丛。

用　　途：栽培供观赏。

小 知 识：叶和花可代茶做饮料。

152 蕤核（蔷薇科　扁核木属）

Prinsepia uniflora Batal.

别　　名：单花扁核木

校园分布 绿园。

专业描述：灌木。枝灰褐色，有枝刺。叶片长圆披针形，基部宽楔形，全缘或有浅细锯齿。花单生或2—3朵簇生，直径约1.5厘米；萼筒杯状，萼裂片三角状卵形，果期反折；花瓣5，白色，倒卵形；雄蕊10，离生；心皮1。核果球形，左右压扁。花期4—5月，果期8—9月。

分　　布：分布于华北、西北；生长在向阳低山坡灌丛。

用　　途：果可食，也可酿酒。种子入药。

153 火棘（蔷薇科 火棘属）

Pyracantha fortuneana (Maxim.) Li

别　　名：火把果、救兵粮

校园分布 绿园。

专业描述：常绿灌木。侧枝短，先端成刺状。叶片倒卵形，边缘有圆钝锯齿，近基部全缘。复伞房花序；花白色，直径约1厘米。梨果近圆形，橘红色或深红色。花期4—6月，果期8—10月。

分　　布：广泛分布于南方地区，北京有栽培。

用　　途：栽培供观赏。

灌木

154 全缘火棘（蔷薇科 火棘属）

Pyracantha atalantioides (Hance) Stapf

校园分布 主楼北侧。

专业描述：全缘火棘与火棘相似，区别在于全缘火棘叶通常全缘，有时带细锯齿。

分　　布：分布于南方地区，生于山坡灌丛中。

用　　途：栽培供观赏。

155 月季花（蔷薇科　蔷薇属）

Rosa chinensis Jacq.

校园分布 广布。

专业描述：直立灌木。小枝具钩状且基部膨大的皮刺。羽状复叶，小叶3—5，少数7，宽卵形，边缘有锐锯齿；托叶大部与叶柄相连。花单生或数朵聚生；花重瓣，各色，直径约5厘米，微香。蔷薇果，卵圆形，红色。花果期5—11月。

分　　布：原产我国，现世界各地广泛栽培。

用　　途：栽培供观赏。

小 知 识：月季、玫瑰、蔷薇的区别：月季花色多样，小叶多为3—5，少7，小叶上面平整；玫瑰花色常为紫红色，小叶5—9，小叶上面有皱纹；蔷薇花多数，花小，直径2—3厘米，小叶5—7，少9。

156 野蔷薇（蔷薇科　蔷薇属）

Rosa multiflora Thunb.

别　　名：蔷薇、多花蔷薇

校园分布：广布。

专业描述：落叶灌木。枝细长，上升或蔓生，有皮刺。羽状复叶；小叶5—7，少数9，卵形，边缘具锐锯齿；托叶大部与叶柄相连。圆锥花序，顶生，多花；花白色，芳香，直径2—3厘米。蔷薇果，球形至卵形，红褐色。花期5—6月，果期8—9月。

分　　布：各省有栽培，品种极多。

用　　途：栽培供观赏。

小 知 识：本种变异性强，品种极多。常见的庭院栽培变种有：原变种野蔷薇var. *multiflora*，花白色，单瓣，直径1.5—2厘米；白玉堂var. *albo-plena* T. T. Yu & T. C. Ku，花白色，重瓣，直径2—3厘米；粉团蔷薇var. *cathayensis* Rehder & E. H. Wilson，花粉色，单瓣，直径2—4厘米；七姊妹var. *carnea* Thory，花粉色，重瓣，直径3—4厘米。

灌
木

157 玫瑰（蔷薇科　蔷薇属）

Rosa rugosa Thunb.

校园分布 广布，绿园、生物学馆北侧、蒙民伟楼北侧。

专业描述：落叶灌木。枝干粗壮，有皮刺和刺毛，小枝密生绒毛。羽状复叶；小叶5—9，椭圆形，边缘有钝锯齿，质厚，多皱；托叶大部与叶柄相连。花单生或3—6朵聚生；花紫红色，芳香，直径6—8厘米，单瓣或重瓣。蔷薇果，扁球形，红色，具宿存萼裂片。花期5—7月，果期7—9月。

分　　布：原产华北地区，现各地栽培。

用　　途：鲜花瓣可提取芳香油，供食品或化妆品用；花瓣可食；花蕾入药。

158 木香花（蔷薇科　蔷薇属）

Rosa banksiae Aiton

校园分布 荷塘。

专业描述：攀缘灌木。小枝疏生皮刺。羽状复叶；小叶3—5，稀7，长圆状卵形，边缘有锐锯齿；托叶条形，与叶柄离生，早落。花多数成伞形花序；花梗细长；花白色或黄色，单瓣或重瓣，直径约2.5厘米，芳香。蔷薇果小，近球形，红色。花期4—5月，果期9—10月。

分　　布：分布于四川、云南，生溪边，路旁，全国各省栽培。

用　　途：栽培供观赏。

灌木

159 美蔷薇（蔷薇科　蔷薇属）

Rosa bella Rehder & E. H. Wilson

校园分布 绿园。

专业描述：落叶灌木。小枝有皮刺。奇数羽状复叶，小叶7—9，卵形，边缘有锯齿；托叶与叶柄连生。花单生，或2—3朵簇生，芳香；萼片5；花瓣5，粉红色。蔷薇果，椭圆形，深红色。花期5—7月，果期8—9月。

分　　布：分布于东北、华北，生山坡疏林。

用　　途：栽培供观赏。

美蔷薇

山刺玫

160 山刺玫（蔷薇科　蔷薇属）

Rosa davurica Pall.

校园分布 主楼北侧。

专业描述：直立灌木。小枝及叶柄基部常有成对的皮刺，刺弯曲，基部大。羽状复叶，小叶5—7，长椭圆形，边缘近中部以上有锐锯齿；托叶大部与叶柄相连。花单生或数朵聚生，深红色，直径约4厘米。蔷薇果，球形，红色。花期6—7月，果期8—9月。

分　　布：分布于东北、华北，生山坡阳坡。

用　　途：栽培供观赏。

161 单瓣缫丝花（蔷薇科　蔷薇属）

Rosa roxburghii Tratt. f. *normalis* Rehder & E. H. Wilson

校园分布 主楼北侧。

专业描述：灌木。小枝常有成对皮刺。羽状复叶；小叶9—15，椭圆形，边缘有细锐锯齿；托叶大部与叶柄相连。花1单生或2朵生于短枝上，微芳香，直径4—6厘米；萼裂片宽卵形，合生成管，密生皮刺；花瓣5，粉红色。蔷薇果扁球形，绿色，外面密生皮刺，宿存的萼裂片直立。花期5—7月，果期8—10月。

分　　布：分布于我国南方各省，野生或栽培。

用　　途：栽培供观赏。果实酸甜，可生食或入药。

小 知 识：本种为缫丝花（*Rosa roxburghii* Tratt.）的单瓣变型，实为其野生的原始类型。缫丝花花重瓣。

162 黄刺玫（蔷薇科　蔷薇属）

Rosa xanthina Lindl.

校园分布 广布。

专业描述：灌木。小枝褐色，有硬皮刺。奇数羽状复叶，小叶7—13，宽卵形，边缘有钝锯齿；托叶中部以下与叶柄相连。花单生，黄色，直径约4厘米；萼裂片披针形，全缘，宿存；花瓣重瓣，倒卵形。蔷薇果近球形，红褐色。花期4—6月，果期7—9月。

分　　布：分布于东北、华北、西北，常庭院栽培。

用　　途：栽培供观赏。

小 知 识：变型单瓣黄刺玫f. *normalis* Rehder & E. H. Wilson，单瓣黄色，为栽培黄刺玫的原始种。原产东北、华北、西北，生向阳山坡或灌丛。清华大学校园广泛栽种。

单瓣黄刺玫

163 鸡麻（蔷薇科　鸡麻属）

Rhodotypos scandens (Thunb.) Makino

校园分布 荷塘东侧、绿园、汽车研究所西侧。

专业描述：落叶灌木。叶对生，卵形，边缘有重锯齿。花单生新枝顶端；萼筒短，裂片4，卵形，有锯齿，宿存，和4副萼互生；花瓣4，白色；雄蕊多数；心皮4。核果4，倒卵形，黑色，光亮。花期4—5月，果期6—9月。

分　　布：南北各省有分布。

用　　途：栽培供观赏。果和根入药，治血虚肾亏。

164 高丛珍珠梅（蔷薇科　珍珠梅属）

Sorbaria arborea Schneid.

校园分布 主楼北侧。

专业描述：落叶灌木。奇数羽状复叶，小叶13—17，披针形，边缘具重锯齿。顶生大型圆锥花序，分枝开展，长20—30厘米；花直径6—7毫米；萼裂片5；花瓣5，白色；雄蕊20—30，长于花瓣；心皮5。蓇葖果。花期6—7月，果期9—10月。

分　　布：分布于西南、西北、华中，生山坡林边。

用　　途：栽培供观赏。

165 华北珍珠梅（蔷薇科　珍珠梅属）

Sorbaria kirilowii (Regel) Maxim.

校园分布 广布，水木清华、理学院北侧等地。

专业描述：灌木。奇数羽状复叶，小叶13—21，披针形，边缘具重锯齿。大型圆锥花序顶生；花白色，直径5—7毫米；花瓣5，雄蕊20，和花瓣等长或稍短；心皮5，基部结合。蓇葖果。花期5—7月，果期8—9月。

分　　布：分布华北、西北。

用　　途：栽培供观赏。

小 知 识：三种珍珠梅的区别：华北珍珠梅雄蕊20，与花瓣等长；珍珠梅雄蕊40—50，长于花瓣1.5—2倍；高丛珍珠梅雄蕊20—30，长于花瓣1.5倍。

166 珍珠梅（蔷薇科　珍珠梅属）

Sorbaria sorbifolia (L.) A. Braun

别　　名：东北珍珠梅

校园分布：精仪系南侧。

专业描述：灌木。枝条开展。奇数羽状复叶，小叶11—17，披针形，边缘具重锯齿。大型圆锥花序顶生，密集；花白色，直径10—12毫米；花瓣5，雄蕊40—50，长于花瓣1.5—2倍，心皮5。蓇葖果长圆形。花期7—8月，果期9月。

分　　布：分布于东北地区，生山坡疏林。

用　　途：栽培供观赏。

光叶粉花绣线菊（蔷薇科　绣线菊属）

Spiraea japonica L.var. *fortunei* (Planchon) Rehder

灌木

别　　名：日本绣线菊

校园分布 主楼北侧、观畴园西侧。

专业描述：灌木。叶片卵形，边缘有锯齿。复伞房花序生于当年生直立新枝顶端，花密集；花萼钟状，5裂；花瓣5，粉红色；雄蕊多数，较花瓣长。蓇葖果半张开。花期6—7月，果期8—9月。

分　　布：原产日本，我国各地引种栽培。

用　　途：栽培供观赏。

168 华北绣线菊（蔷薇科　绣线菊属）

Spiraea fritschiana Schneid.

校园分布 荷塘、主楼北侧。

专业描述：灌木。叶片卵形，边缘具不整齐重锯齿或单锯齿，下面具短柔毛。复伞房花序顶生于当年生枝上，具多花；花白色，直径5—6毫米。花瓣5，雄蕊多数，长于花瓣。蓇葖果，近直立，常具反折萼裂片。花期6月，果期7—8月。

分　　布：华北各省有分布，生山坡或林间。

用　　途：栽培供观赏。

灌木

169 土庄绣线菊（蔷薇科　绣线菊属）

Spiraea pubescens Turcz.

校园分布 广泛，绿园、荷塘东侧、主楼北侧。

专业描述：灌木。叶片菱状卵形，被柔毛。伞形花序，具总花梗，花15—20朵；花白色，直径5—7毫米；萼裂片三角形；花瓣5；雄蕊多数。蓇葖果开张。花期5—6月，果期7—8月。

分　　布：分布于东北、华北、西北、华中，生山坡灌丛。

用　　途：栽培供观赏。

170 珍珠绣线菊（蔷薇科　绣线菊属）

Spiraea thunbergii Siebold ex Blume

别　　名：雪柳、喷雪花、珍珠花

校园分布 绿园。

专业描述：灌木。枝条弧形弯曲。叶片条状披针形。伞形花序无总花梗，花3—7朵，基部丛生几个小形叶片；花白色，直径6—8毫米；萼筒钟状，裂片三角形；花瓣5，倒卵形；雄蕊比花瓣短。蓇葖果开张，无毛。花期4—5月，果期7月。

分　　布：原产华东，现辽宁、山东、江苏、浙江、北京等地均有栽培。

用　　途：栽培供观赏。

171 三裂绣线菊（蔷薇科　绣线菊属）

Spiraea trilobata L.

校园分布 广布，绿园、主楼北侧、荷塘。

专业描述：灌木。叶片近圆形，先端三裂。伞形花序，具总梗，花15—30朵；花白色，直径6—8毫米；萼筒钟状，裂片三角形；花瓣5，宽倒卵形；雄蕊多数，较花瓣短。蓇葖果开张。花期5—6月，果期7—8月。

分　　布：东北、华北、西北有分布，生山坡灌丛。

用　　途：栽培供观赏。

灌
木

172 小米空木（蔷薇科　小米空木属）

Stephanandra incisa (Thunb.) Zabel

别　　名：小野珠兰

校园分布 绿园、主楼北侧。

专业描述：灌木。小枝细弱，弯曲。叶卵形，边缘常深裂，有4—5对裂片及重锯齿。顶生疏松的圆锥花序，具花多朵；花白色，直径约5毫米；花瓣5，雄蕊10。蓇葖果近球形，具宿存直立或开展的萼片。花期5—7月，果期8—9月。

分　　布：分布于辽宁、山东，生水沟、山坡。

用　　途：栽培供观赏。

173 鞍叶羊蹄甲 (云实科　羊蹄甲属)

Bauhinia brachycarpa Wall. ex Benth.

别　　名：马鞍叶羊蹄甲

校园分布 主楼北侧。

专业描述：灌木。小枝纤细。叶纸质，近圆形，先端2裂达中部，基出脉7—9条。伞房式总状花序侧生，有花10余朵；花瓣5，白色，倒披针形；能育雄蕊10枚。荚果长圆形，扁平。花期5—8月，果期8—10月。

分　　布：产西南、华中，生山坡草地。

用　　途：栽培供观赏。

174 紫荆（云实科　紫荆属）

Cercis chinensis Bunge.

校园分布 广布。

专业描述：野生为乔木，栽培通常为灌木。叶互生，近圆形，基部深心形。花先于叶开放，4—10朵簇生于老枝上；花玫瑰红色，假蝶形花冠；雄蕊10，花丝分离。荚果条形，扁平。花期4月，果期8—9月。

分　　布：广泛栽培。

用　　途：栽培供观赏。树皮入药，有清热解毒，活血行气，消肿止痛的功效。

小 知 识：1. 清华大学的校花即为紫荆。

2. 香港紫荆花为红花羊蹄甲（*Bauhinia blakeana* Dunn），也称洋紫荆，为云实科羊蹄甲属植物。

175 紫穗槐（蝶形花科　紫穗槐属）

Amorpha fruticosa L.

校园分布 广布，校河沿岸、西大操场南侧等地。

专业描述：落叶灌木。羽状复叶，小叶11—25，卵形，全缘。密集穗状花序组成顶生圆锥花序；萼钟状，萼齿钝三角形；花冠紫色，旗瓣心形，没有翼瓣和龙骨瓣；雄蕊10，伸出花冠外。荚果下垂，弯曲，含1枚种子。花期5—6月，果期7—9月。

分　　布：原产美国，我国各地栽培。

用　　途：可作水土保持，固沙造林和防护林低层树种。

176 红花锦鸡儿（蝶形花科　锦鸡儿属）

Caragana rosea Turcz. ex Maxim.

灌木

别　　名：金雀儿

校园分布 荷塘。

专业描述：直立灌木。长枝上的托叶宿存，硬化成针刺；短枝叶轴短，脱落或宿存变成针刺状；小叶4，假掌状排列，椭圆状倒卵形；花单生；萼深钟状，萼齿三角形；花冠蝶形，黄色或淡红色。荚果，圆柱形。花期4—5月，果期6—8月。

分　　布：分布于东北、西北、华北、华东，生山坡、沟边或灌丛中。

用　　途：栽培供观赏。

灌木

177 胡枝子（蝶形花科　胡枝子属）

Lespedeza bicolor Turcz.

校园分布：荷塘、水木清华。

专业描述：灌木。三出羽状复叶，顶生小叶较大，宽椭圆形，长1.5—6厘米，全缘。总状花序腋生，较叶长；萼杯状，萼齿5，披针形，较萼筒短；花冠蝶形，紫色，长1厘米。荚果，斜卵形。花期7—8月，果期9—10月。

分　　布：我国南北各省均有分布，生山坡林下或山谷灌丛。

用　　途：栽培供观赏，为水土保持的良好树种。

178 兴安胡枝子（蝶形花科　胡枝子属）

Lespedeza davurica (Laxm.) Schindl.

别　　名：达呼里胡枝子，达乌里胡枝子

校园分布 广布。

专业描述：小灌木。茎直立，斜升或平卧。三出羽状复叶，顶生小叶长圆形，侧生小叶小，全缘。总状花序，腋生，短于叶；无瓣花簇生下部叶腋；萼钟状，萼齿5，披针形，先端刺毛状；花冠蝶形，黄绿色。荚果，倒卵状长圆形。花期5—7月，果期6—9月。

分　　布：南北各省均有分布，生草地、田边、路旁。

灌木

灌
木

179 多花胡枝子（蝶形花科　胡枝子属）
Lespedeza floribunda Bunge

校园分布 广布。

专业描述：灌木。枝条细弱，常斜生。三出羽状复叶，小叶倒卵形，长1—2.5厘米，全缘。总状花序，腋生，花梗无关节；无瓣花簇生叶腋，无花梗；花萼宽钟状，萼齿5，披针形；花冠蝶形，紫色。荚果，卵状菱形。花期7—8月，果期8—9月。

分　　布：南北各省均有分布，生山坡、林下。

用　　途：栽培供观赏。

180 毛洋槐（蝶形花科　刺槐属）

Robinia hispida L.

校园分布 绿园。

专业描述：落叶灌木。茎、小枝、花总梗上密被棕褐色刚毛。奇数羽状复叶，小叶7—13，椭圆形，全缘。总状花序，腋生，花3—8朵；花萼宽钟状，萼齿宽三角形；花冠蝶形，紫红色或粉红色。花期5—6月，果期7—10月。

分　　布：原产北美，北京有栽培。

用　　途：栽培供观赏。

灌木

181 沙枣（胡颓子科　胡颓子属）

Elaeagnus angustifolia L.

校园分布 8号楼西侧。

专业描述：落叶灌木或小乔木。幼枝被银白色鳞片。叶披针形，两面均有白色鳞片，侧脉不显著。花银白色，芳香，外侧被鳞片，1—3朵生小枝下部叶腋；花被钟形，4裂；雄蕊4。果实长圆形，密被银白色鳞片。花期4—5月，果期9月。

分　布：分布于东北、华北及西北，常生于沙漠地区。

用　途：可作水土保持、防沙造林的先锋树种。果可食用或用于酿酒。

182 披针叶胡颓子（胡颓子科　胡颓子属）

Elaeagnus lanceolata Warb.

校园分布 主楼北侧。

专业描述：常绿灌木。叶革质，披针形，长5—12厘米，顶端渐尖，基部圆形，全缘，表面绿色，背面银灰色。花下垂，淡黄白色，常3—5朵生叶腋成短总状花序；花被裂片4，宽三角形；雄蕊4。果实椭圆形。花期8—10月，果期次年4—5月。

分　　布：分布于华中、西南，生山坡林缘。

用　　途：果实入药。

灌
木

183 胡颓子（胡颓子科 胡颓子属）

Elaeagnus pungens Thunb.

校园分布 绿园。

专业描述：常绿灌木，具刺。叶革质，椭圆形，长5—10厘米，全缘，边缘为反卷或皱波状，表面绿色，背面银白色。花下垂，白色，1—3朵生于叶腋；花被裂片4；雄蕊4。果实椭圆形。花期9—12月，果期次年4—6月。

分　　布：分布于南方各省，生向阳山坡。

184 结香（瑞香科　结香属）

Edgeworthia chrysantha Lindl.

别　　名：黄瑞香

校园分布 丁香园南侧。

专业描述：落叶灌木。叶互生，常簇生于枝顶，广披针形，顶端急尖，基部楔形，全缘。头状花序，具花30—50朵，绒球状；总苞片披针形；花黄色，芳香；花被筒状，裂片4，花瓣状，平展；雄蕊8，2轮。核果卵形。花期4—5月。

分　　布：我国南方各省有分布，北京引种栽培。

用　　途：栽培供观赏。全株入药，能舒经活络、消炎止痛。

小 知 识：结香枝条柔软，可打结，花芳香，故名。

灌木

185 瓜木（八角枫科　八角枫属）

Alangium platanifolium (Siebold & Zucc.) Harms

校园分布 绿园、主楼北侧。

专业描述：落叶小乔木或灌木。叶互生，纸质，近圆形，常3—5浅裂；主脉常3—5条，基出。聚伞花序腋生，有花1—7朵；花萼6—7裂，花瓣白色或黄白色，芳香，条形。核果，卵形，花萼宿存。花期5—7月。

分　　布：分布于南北各省，生长在较肥沃、疏松的向阳山地。

用　　途：树皮含鞣质，纤维可作人造棉，根皮入药，治风湿骨痛，也可作农药。

186 花叶青木（山茱萸科　桃叶珊瑚属）

Aucuba japonica Thunb. var. *variegata* D'ombr.

别　　名：洒金叶珊瑚

校园分布 绿园。

专业描述：常绿灌木。枝叶对生。叶革质，常椭圆形，亮绿色，叶片有大小不等的黄色或淡黄色斑点，先端渐尖，边缘上段具疏锯齿或近全缘。花单性异株；圆锥花序顶生；雄花序长7—10厘米，雌花序长2—3厘米。花期3—4月。

分　　布：我国各地栽培。

用　　途：栽培供观赏。

灌
木

187 红瑞木（山茱萸科　山茱萸属）
Cornus alba L.

校园分布　广布，主楼北侧、荷塘等地。

专业描述：落叶灌木。枝血红色，常被白粉。单叶，对生，卵形。伞房聚伞花序顶生；花小，黄白色；萼坛状，齿三角形；花瓣卵状舌形。核果斜卵圆形，花柱宿存，成熟时白色或稍带蓝紫色。花期5—6月，果期9—10月。

分　　布：分布于东北、华北，常生于溪流边或山地杂木林中。

188 山茱萸（山茱萸科　山茱萸属）

Cornus officinalis Siebold & Zucc.

校园分布 绿园。

专业描述：落叶灌木或乔木。叶对生，卵形，侧脉6—8对，弓形内弯，脉腋具黄褐色毛。伞形花序先叶开花，腋生；花黄色；子房下位。核果椭圆形，成熟时红色。花期4—5月，果期9—10月。

分　　布：分布于华北、华中等地，生林缘或森林中。

用　　途：果实（称萸肉）供药用，为收敛强壮药，能健胃补肾，可治腰痛等症。

灌木

灌
木

189 卫矛（卫矛科　卫矛属）
Euonymus alatus (Thunb.) Siebold

校园分布 绿园。

专业描述：落叶灌木。枝斜展，具2—4纵裂木栓质翅，小枝绿色，有时无翅。叶对生，倒卵形或椭圆形。聚伞花序，腋生，有3—9花；花淡绿色，4数，花盘肥厚方形。蒴果，4深裂。种子椭圆形，有橙红色假种皮。花期5—6月，果期9—10月。

分　　布：广泛分布于南北各省，生山谷、林缘。

用　　途：树皮、根、叶等可提取硬橡胶，种子油供工业用。

190 扶芳藤（卫矛科　卫矛属）

Euonymus fortunei (Turcz.) Hand.-Mazz.

校园分布 绿园、水木清华。

专业描述：常绿匍匐灌木。枝上常有多数细根。叶薄革质，椭圆形或倒卵形，边缘有钝锯齿。聚伞花序，腋生；花白绿色，4数；花盘方形。蒴果近球形，粉红色，果皮光滑。种子卵形，外包橘红色假种皮。花期6—7月，果期9—10月。

分　　布：分布于东部各省，北京有栽培。

用　　途：栽培供观赏。

191 冬青卫矛（卫矛科　卫矛属）

Euonymus japonicus Thunb.

别　　名：大叶黄杨

校园分布 广布。

专业描述：常绿灌木或小乔木。小枝绿色，稍4棱。叶对生，光亮，革质，倒卵形。聚伞花序腋生，1—2回二歧分枝，每分枝顶端有5—12花；花绿白色，4数，花盘肥大。蒴果淡红色，扁球形，有4浅沟。种子每室1—2，有橙红色假种皮。花期6—7月，果期9—10月。

分　　布：原产日本，我国各地引种栽培。

用　　途：栽培供观赏，常作绿篱。

192 枸骨（冬青科　冬青属）

Ilex cornuta Lindl. & Paxton

校园分布 绿园。

专业描述：常绿灌木或小乔木。叶厚革质，四角形而具宽三角形针刺状齿，基部平截，边缘深波状，常具2—5对针刺状锐齿。花黄绿色，4数，雌雄异株，簇生二年生的枝上。果球形，鲜红色。花期4—5月，果期8—9月。

分　　布：分布于长江中下游各省；生山坡灌丛。

用　　途：栽培供观赏，叶、果实入药。

灌木

灌
木

193 黄杨（黄杨科　黄杨属）

Buxus sinica (Rehder & E. H. Wilson) M. Cheng

别　　名：黄杨木、瓜子黄杨、锦熟黄杨、小叶黄杨

校园分布 广布。

专业描述：灌木或小乔木。叶对生，革质，卵形，全缘，先端常有小凹口。花簇生叶腋或枝端，雌花1朵，雄花数朵；无花瓣；雄花萼片4，雄蕊4；雌花萼片6，子房3室，花柱3。蒴果球形，花柱宿存。花期4月，果期6—7月。

分　　布：原产我国，南北各省均有栽培。

用　　途：常绿观赏植物，常用来作绿篱。

194 一叶萩（大戟科　白饭树属）

Flueggea suffruticosa (Pall.) Baill.

别　　名：叶底珠

校园分布 家属区。

专业描述：灌木。多分枝。叶片纸质，椭圆形，基部楔形，全缘。花小，单性，雌雄异株，无花瓣，簇生于叶腋。蒴果，扁球形，3室，3浅裂。花期3—8月，果期6—11月。

分　　布：除西北外，我国其他地区均有分布。

用　　途：茎皮纤维可做纺织原料。花、叶入药，对神经系统有兴奋作用。

灌木

195 雀儿舌头（大戟科　雀儿舌头属）

Leptopus chinensis (Bunge) Pojark.

别　　名：黑钩叶、断肠草

校园分布 水木清华、听涛园南侧。

专业描述：小灌木。多分枝。叶卵形，基部圆形，全缘。花小，单性，雌雄同株，单生或2—4朵簇生叶腋；雄花花瓣5，白色，雄蕊5；雌花花瓣较小，子房3室，花柱3，2裂。蒴果球形，基部具宿存花萼。花期4—6月，果期5—8月。

分　　布：分布于东北、华北、华中，生长在山坡和林缘。

196 圆叶鼠李(鼠李科　鼠李属)

Rhamnus globosa Bunge

校园分布 工字厅南侧、荷塘等地。

专业描述：灌木。多分枝，枝端具针刺。小叶近对生或簇生于短枝上，倒卵形，长1—4厘米，边缘具圆齿。聚伞花序，腋生，花小，单性，黄绿色。核果近球形，黑色。花期5—6月，果期8—9月。

分　　布：我国南北各省均有分布，生长山坡林下。

用　　途：种子可榨取润滑油。果实、茎皮和根可做绿色染料。果实入药，能消肿止痛。

197 省沽油（省沽油科　省沽油属）

Staphylea bumalda DC.

校园分布 主楼北侧。

专业描述：落叶灌木或小乔木。奇数羽状复叶，对生，小叶3，边缘有细锯齿。圆锥花序，顶生，花小，黄白色。蒴果，膀胱状，中间凹陷。花期4—5月，果期7—8月。

分　　布：分布于东北、华北、华东各省，生山坡、山谷疏林。

用　　途：种子油可制肥皂和油漆。

198 通脱木（五加科　通脱木属）

Tetrapanax papyrifer (Hook.) K. Koch

校园分布 汽车研究所西侧。

专业描述：灌木或小乔木。茎髓大，白色，纸质。叶大，集生茎顶，直径50—70厘米，基部心形，掌状5—11裂，每一裂片常又有2—3个小裂片。大型复圆锥花序，长达50厘米以上；花白色；花瓣4，稀5。果球形，成熟时紫黑色。花果期9—10月。

分　　布：分布于长江以南各省区和陕西，北京有栽培。

用　　途：茎髓即中药“通草”，为利尿剂，并有清热解毒的功效。

灌木

199 枸杞（茄科　枸杞属）

Lycium chinense Mill.

校园分布 广布。

专业描述：灌木。枝细长，柔弱，常具刺。叶互生或簇生于短枝上，卵形，全缘。花萼钟状，常3裂；花冠漏斗状，淡紫色，5深裂；雄蕊5，花丝基部密生绒毛。浆果，卵状，红色。花期6—8月，果期8—9月。

分　　布：广布于全国各省区，常生长在山坡荒地、路旁及村边宅旁。

用　　途：果实入药，嫩叶可作蔬菜。

小 知 识：中药枸杞子为同属植物宁夏枸杞（*Lycium barbarum* L.）的果实。宁夏枸杞和枸杞形态相似，其区别是：宁夏枸杞花萼常2中裂；花冠裂片边缘无缘毛；果实甜，无苦味；种子较小，长约2毫米；枸杞花萼常为3裂；花冠边缘有缘毛；果实微苦；种子较大，长约3毫米左右。

200 白棠子树（马鞭草科　紫珠属）

Callicarpa dichotoma (Lour.) K. Koch.

别　　名：紫珠

校园分布 荷塘北侧、C楼周边。

专业描述：落叶灌木。叶披针形，叶缘上半部具粗锯齿。聚伞花序，着生叶腋，花冠紫色，雄蕊4，花丝长为花冠的2倍。果实球形，紫色。花期5—7月，果期7—11月。

分　　布：原产我国中部和南部各省。

用　　途：栽培供观赏。

201 海州常山(马鞭草科　大青属)

Clerodendrum trichotomum Thunb.

校园分布 广布。

专业描述：落叶灌木或小乔木。单叶对生，卵形，全缘或有波状齿。伞房状聚伞花序顶生或腋生；花萼紫红色，5深裂；花冠白色或带粉红色，顶端5裂；雄蕊4，花丝和花柱伸出花冠，柱头2裂。核果近球形，成熟时蓝紫色。花果期6—11月。

分　　布：分布于华北、华东、中南、西南各省区，生山坡灌丛，常见栽培。

用　　途：栽培供观赏。

荆条（马鞭草科　牡荆属）

Vitex negundo L. var. *heterophylla* (Franch.) Rehder

校园分布 绿园、水木清华、荷塘。

专业描述：落叶灌木。掌状复叶对生，小叶卵形，边缘具浅裂锯齿或羽状裂。圆锥花序；花萼钟状，具5齿裂，宿存；花冠蓝紫色，二唇形，二强雄蕊。核果，球形。花期6—8月，果期7—10月。

分　　布：全国广布，生长在山地阳坡，形成灌丛。

用　　途：蜜源植物，叶和果实入药，也可栽培供观赏。

鸡骨柴（唇形科　香薷属）

Elsholtzia fruticosa (G. Don) Rehder

校园分布 主楼北侧。

专业描述：灌木。叶对生，披针形，边缘具粗锯齿，叶柄短或几无柄。轮伞花序多花，组成顶生或腋生的圆柱状假穗状花序；苞片披针形；花萼钟状，萼齿5；花冠白色至淡黄色，上唇直立，下唇3裂。花期7—9月，果期10—11月。

分　　布：产西南、华中，生山谷、草地。

互叶醉鱼草（醉鱼草科　醉鱼草属）

Buddleja alternifolia Maxim.

校园分布 汽车研究所西侧。

专业描述：落叶灌木。枝开散，细弱，多呈弧状弯垂。叶互生，披针形，全缘，下面密被灰白色绒毛。花序为簇生状圆锥花序，花冠紫蓝色或紫红色，顶端4裂。蒴果，长圆形。花期5—6月，果期6—7月。

分　　布：分布于华北、西北，生长在干旱灌木丛中。

用　　途：栽培供观赏。

205 大叶醉鱼草（醉鱼草科　醉鱼草属）

Buddleja davidii Franch.

校园分布 汽车研究所西侧，主楼北侧。

专业描述：落叶灌木。叶对生，披针形，边缘疏生细锯齿，背面密被白色星状绒毛。圆锥状聚伞花序顶生；花冠白色或紫红色，顶端4裂，喉部橙黄色。蒴果狭椭圆形，花萼宿存。花期5—10月，果期9—12月。

分　　布：分布于南方地区；生山坡，沟边灌丛。我国各地普遍栽培。

用　　途：栽培供观赏，花可提取芳香油。全株药用，有祛风散寒，消积止痛的功效。

雪柳（木犀科　雪柳属）

Fontanesia phillyreoides Labill. subsp. *fortunei* (Carrière) Yalt.

校园分布 绿园。

专业描述：落叶灌木。叶对生，披针形，全缘，有光泽。圆锥花序，生于当年枝；花小，白绿色；有香味。小坚果，具翅，扁平。花期5—6月，果期8—9月。

分　　布：原产我国东部及中部地区，生路旁、溪边、林中。

用　　途：茎枝可编筐，嫩叶晒干可代茶。在江南一带用作绿篱。

207 连翘（木犀科 连翘属）

Forsythia suspensa (Thunb.) Vahl

别　　名：黄寿丹

校园分布 广布。

专业描述：灌木。枝条通常下垂，髓中空。叶对生，单生或 3 小叶复叶，卵形。花先叶开放，萼裂片与花冠管等长；花冠黄色，内有橘红色条纹，裂片 4；雄蕊 2，着生在花冠筒基部。蒴果卵球状，2 室，表面散生瘤点。花期 3—4 月，果期 5—6 月。

分　　布：分布我国中部和北部，生山坡灌丛、林下。

用　　途：栽培供观赏。果实入药，有清热解毒的功效。种子油供制化妆品等。

小 知 识：1. 连翘、金钟花、秦连翘极其相似，其区别点为：连翘的枝在节间中空；叶卵形，常3裂或3出；萼裂片与花冠管等长。金钟花的枝在节间具片状髓；叶披针形，不分裂；萼裂片较花冠管短。秦连翘与金钟花相近，区别在于金钟花叶披针形，叶上半部有粗锯齿，两面无毛；而秦连翘叶卵状椭圆形，全缘或上部有稀疏小齿，下面密被柔毛。

2. 常见栽培的有美国金钟连翘（*Forsythia × intermedia*）为金钟花和连翘的杂交种，形状介于两者之间，清华大学校园广泛栽培。

金钟连翘

208 金钟花（木犀科　连翘属）

Forsythia viridissima Lindl.

校园分布 绿园。

专业描述：灌木。枝条直立，具片状髓。单叶对生，披针形，上半部有粗锯齿。花先叶开放，1—3花簇生，萼裂片椭圆形，长为花冠管的一半；花冠黄色，裂片4，狭长圆形。蒴果，卵圆形。花期3—4月，果期6—7月。

分　　布：主要分布于长江流域，全国广泛栽培。

用　　途：用途同连翘。

209 秦连翘（木犀科　连翘属）

Forsythia giraldiana Lingelsh

校园分布 绿园。

专业描述：秦连翘与金钟花相似，主要区别在于秦连翘叶全缘或疏生小锯齿。

分　　布：分布于甘肃（南部）、陕西和湖北，生海拔1200—1700米山地。

用　　途：用途同连翘。

210 迎春花（木犀科　茉莉属）

Jasminum nudiflorum Lindl.

灌木

校园分布 广布。

专业描述：落叶灌木。枝条细长，直立或弯曲；幼枝有四棱。叶对生，小叶3，卵形。花单生，先叶开花；萼片5-6，条形；花冠黄色，裂片6枚，倒卵形。花期3-4月，一般不结果。

分　　布：分布于我国北部和中部，生灌丛或岩石缝中。

用　　途：栽培供观赏。

211 探春花（木犀科　茉莉属）

Jasminum floridum Bunge

校园分布 游泳馆西侧。

专业描述：半常绿灌木。叶互生，羽状复叶，小叶3—5，卵形。聚伞花序顶生，多花；萼片细长，钻形；花冠黄色，裂片卵形，开展，长约为花冠管的一半。浆果，椭圆形。花期5—6月，果期6—7月。

分　　布：全国广布，生山坡、谷地、灌丛中。

用　　途：栽培供观赏。

212 水蜡（木犀科 女贞属）

Ligustrum obtusifolium Siebold & Zucc.

校园分布 绿园。

专业描述：落叶灌木。叶纸质，椭圆形，基部楔形，背面具短柔毛。圆锥花序时常下垂，长4—5厘米；花冠管长于花冠裂片2—3倍。核果，黑色。花期6月，果期8—9月。

分　　布：分布于华北、华中各省，生山坡。

用　　途：栽培供观赏。

213 小叶女贞（木犀科　女贞属）

Ligustrum quihoui Carrière

校园分布 广布。

专业描述：小灌木。叶对生，薄革质，椭圆形，基部楔形，光滑，全缘。圆锥花序狭窄，长7—21厘米；花白色，香，无梗；花冠管和花冠裂片等长；雄蕊外露。核果，宽椭圆形，黑色。花期8—9月，果期10月。

分　　布：分布于华北、华中、西南各省，生山坡、路旁。

用　　途：栽培供观赏，常作绿篱。

灌
木

214 金叶女贞（木犀科　女贞属）

Ligustrum × *vicaryi* Rehder

校园分布 广布。

专业描述：灌木。叶对生，卵圆形，光滑，全缘，新叶金黄色，色彩鲜亮。圆锥花序顶生；花小，白色，花冠裂片4。核果球状，蓝黑色。花期6—7月，果期8—9月。

分　　布：南北各省均有分布。

用　　途：栽培供观赏，常作绿篱。

215 紫丁香（木犀科　丁香属）

Syringa oblata Lindl.

校园分布 广布。

专业描述：灌木或小乔木。叶对生，阔卵形，基部心形，全缘。疏散圆锥花序，长6—15厘米；萼钟状，4齿；花冠紫色，4裂。蒴果，压扁状，顶端尖，光滑，2裂。花期4月，果期7—8月。

分　　布：分布于东北、华北、西北、西南各省。

用　　途：栽培供观赏。花可提取芳香油。

小 知 识：1. 变种白丁香 var. *alba* Hort. ex Rehder 花白，叶片较小，花期4—5月，清华大学校园有栽培。

2. 香料中的丁香（*Syzygium aromaticum* (L.) Merrill & Perry）为桃金娘科蒲桃属植物，也称洋丁香，花蕾干燥后广泛用于烹饪中，现已被引种至世界各地热带地区。

灌木

白丁香

白丁香

216 蓝丁香（木犀科　丁香属）

Syringa meyeri Schneid.

别　　名：细管丁香

校园分布 绿园。

专业描述：落叶灌木。叶对生，卵圆形，下面基部脉上有短柔毛。圆锥花序，紧密，直立；花冠紫色，裂片4，花冠管细长。蒴果。花期4—6月，果期7—8月。

分　　布：分布于华北地区，生山坡灌丛。

用　　途：栽培供观赏。

灌
木

217 华丁香（木犀科丁香属）

Syringa protolaciniata P. S. Green & M. C. Chang

别　　名：甘肃丁香、花叶丁香

校园分布 绿园、主楼北侧。

专业描述：落叶灌木。叶对生，全缘或分裂，枝条上部和花枝上的叶趋向全缘，枝条下部和下面枝条的叶常具3—9羽状深裂至全裂。圆锥花序侧生，通常多对排列在枝条上部呈顶生圆锥花序状；花芳香；花冠淡紫色或紫色。蒴果长圆形。花期4—6月，果期6—8月。

分　　布：分布于甘肃，青海，我国北方各地有栽培。

用　　途：栽培供观赏。

218 薄皮木（茜草科　野丁香属）

Leptodermis oblonga Bunge

校园分布 水木清华。

专业描述：灌木。叶对生，卵形，全缘，叶柄间托叶三角形。花通常5数，无梗，2—10朵簇生于枝顶或叶腋内；萼齿5，宿存；花冠淡红色，漏斗状，5裂，裂片披针形。蒴果，椭圆形，托以宿存的小苞片。花果期6—9月。

分　　布：分布于华北地区，生低山灌丛。

用　　途：栽培可供观赏。

219 糯米条（忍冬科 糯米条属）

Abelia chinensis R. Br.

校园分布 蒙民伟楼北侧、紫荆公寓附近。

专业描述：落叶灌木。叶对生，卵形，边缘具浅锯齿。聚伞圆锥花序顶生或腋生，分枝上部叶片常变小而多数花序集合成一花簇；花白色至粉红色，芳香；花萼5裂；花冠漏斗状，裂片5；雄蕊4，伸出花冠。果实具宿存而增大的萼裂片。花果期8—10月。

分　　布：分布于长江以南各省，北方有栽培。

用　　途：本种开花多而密集，开花期长，果期宿存萼裂片变红色，能耐寒，为优良的观赏植物，庭院中常栽培。

灌木

220 六道木（忍冬科　六道木属）

Abelia biflora Turcz.

校园分布 绿园。

专业描述：落叶灌木。叶长圆形，被柔毛，全缘至羽状浅裂；叶柄基部膨大。花淡黄色，2朵并生于小枝末端；花萼4裂；花冠高脚碟形，裂片4；雄蕊2长2短，内藏。瘦果，萼片宿存。花期5—7月，果期8—9月。

分　　布：分布于华北，生山地灌丛中。

用　　途：栽培供观赏。

灌木

221 双盾木（忍冬科 双盾木属）

Dipelta floribunda Maxim.

校园分布 主楼北侧。

专业描述：落叶灌木或小乔木。叶对生，卵形。聚伞花序簇生于短枝叶腋；花白色至粉红色；小苞片较大，盾形；花冠下部筒状，上部钟状，长2.5—3厘米，裂片5；雄蕊2长2短。果具宿存苞片和小苞片，小苞片近圆形，直径达2厘米，以其中部贴生于果实。花期4—6月，果期7—9月。

分　　布：分布于湖北、四川、甘肃、陕西，北京引种栽培。

用　　途：栽培供观赏。

222 蝟实（忍冬科　蝟实属）

Kolkwitzia amabilis Graebn.

校园分布 广布，绿园、主楼北侧等地。

专业描述：落叶灌木。叶对生，椭圆形，全缘或有疏浅齿。圆锥状聚伞花序，每一小花梗具2花，2花萼筒下部合生；萼筒具长柔毛，裂片5，裂片披针形；花冠钟状，粉红色至紫色；雄蕊4。果实具刺状的刚毛，萼片宿存。花期5—6月，果期7—10月。

分　　布：我国特有种，分布于华北、华中地区。

用　　途：栽培供观赏。

郁香忍冬（忍冬科 忍冬属）

Lonicera fragrantissima Lindl. & Paxton

校园分布 绿园、主楼北侧。

专业描述：半常绿或落叶灌木。叶对生，卵形，近革质。花成对生于叶腋；相邻两花萼筒合生达中部以上；花芳香，花冠白色或带粉红色，唇形。浆果，红色，椭圆形，部分连合。花期4—5月，果期6—7月。

分　　布：分布于华北、华东，生山坡灌丛，北京有栽培。

用　　途：栽培供观赏。

224 金银忍冬（忍冬科　忍冬属）

Lonicera maackii (Rupr.) Maxim.

别　　名：金银木

校园分布 广布。

专业描述：落叶灌木。小枝中空。叶对生，卵形。花成对生于叶腋，总花梗短于叶柄，相邻两花的萼筒分离；花冠先白后黄色，芳香，唇形；雄蕊5。浆果，球形，红色。花期5—6月，果期8—10月。

分　　布：我国南北均产，生林下或灌丛。

用　　途：花可提取芳香油，种子油可制肥皂。

225 新疆忍冬（忍冬科　忍冬属）

Lonicera tatarica L.

校园分布 绿园、主楼北侧。

专业描述：落叶灌木。叶对生，卵形。花成对生于叶腋，相邻两花的萼筒分离；花冠粉红色或白色，长1.5—2厘米，唇形，上唇具4裂片，花冠筒短于唇瓣；雄蕊5，短于花冠。浆果，红色。花期5—6月，果期7—8月。

分　　布：分布于新疆北部，北京有栽培。

用　　途：栽培供观赏。

226 接骨木（忍冬科　接骨木属）

Sambucus williamsii Hance.

校园分布 绿园、主楼北侧。

专业描述：落叶灌木。奇数羽状复叶，对生；小叶5—7，卵形，边缘具稍不整齐锯齿。圆锥花序，顶生；花小；花萼5裂；花冠黄白色，花期裂片向外反折。浆果状核果近球形，黑紫色或红色。花期5—6月，果期8—9月。

分　　布：南北各省均有分布。

用　　途：栽培供观赏，也可入药。

灌木

227 红雪果（忍冬科　毛核木属）

Symphoricarpos orbiculatus Moench

校园分布 经管学院南侧。

专业描述：灌木。叶对生，卵形，全缘。穗状花序生于枝端，具6—14花；花白色；花冠近钟状；雄蕊5。核果卵状，顶有1小喙，红色。花期6—7月，果期9—12月。

分　　布：原产北美，我国引种栽培。

用　　途：栽培供观赏。

228 锦带花（忍冬科　锦带花属）

Weigela florida (Bunge) A. DC.

校园分布 广布。

专业描述：落叶灌木。叶对生，椭圆形，边缘有锯齿。花1—4朵顶生于短侧枝上；花大，粉红色或紫红色；花萼裂片5，下部合生；花冠漏斗状钟形，裂片5；雄蕊5，着生于花冠中部以上，稍短于花冠。蒴果，长圆形。花期6—8月，果期9—10月。

分　　布：分布于东北、华北，生杂木林下或灌丛中。

用　　途：栽培供观赏。

灌木

229 海仙花（忍冬科　锦带花属）

Weigela coraeensis Thunb.

校园分布 荷塘、工字厅南侧。

专业描述：落叶灌木。叶对生，叶片阔椭圆形或倒卵形，边缘有钝锯齿。聚伞花序；花初开浅红，后变为深红色；花萼5裂至基部；花冠漏斗状钟形，裂片5；雄蕊5。蒴果圆柱形。花期5—7月，果期8—10月。

分　　布：我国南北各省栽培。

用　　途：栽培供观赏。

香荚蒾（忍冬科　荚蒾属）

Viburnum farreri W. T. Stearn

校园分布 绿园。

专业描述：落叶灌木。叶对生，椭圆形，侧脉5—7对。圆锥花序具多花，芳香，含苞待放时粉红色，后为白色；花冠高脚碟状，花冠筒长7—10毫米，裂片5；雄蕊5，着生于花冠筒中部。核果，长圆形，鲜红色。花期4—5月，果期6—7月。

分　　布：分布于西北地区，北方地区常见栽培。

用　　途：栽培供观赏。

灌木

231 欧洲荚蒾（忍冬科　荚蒾属）

Viburnum opulus L.

校园分布 广布，图书馆周边等地。

专业描述：落叶灌木。叶对生，卵形，常3裂，掌状脉，裂片具不规则齿，叶柄顶端具2—4腺体。聚伞花序组成复伞形花序；边缘具不育花，白色；可育花小，花冠乳白色，辐状；雄蕊5，花药黄色。核果，近球形，红色。花期5—6月，果期8—9月。

分　　布：分布于东北、华北、西北、华东、华中各省。

用　　途：栽培供观赏。

232 粉团（忍冬科　荚蒾属）

Viburnum plicatum Thunb.

别　　名：雪球荚蒾

校园分布 汽车研究所西侧。

专业描述：落叶或半常绿灌木。枝开展。叶对生，卵形，基部圆形，边缘具小锯齿，表面暗绿色，背面具星状毛。聚伞花序，成球形；花白色，全为不育花；花冠5裂。花期5—7月，通常不结实。

分　　布：园艺种，北京有栽培。

用　　途：栽培供观赏。

233 蚂蚱腿子（菊科　蚂蚱腿子属）

Myripnois dioica Bunge

校园分布 主楼北侧。

专业描述：落叶小灌木。叶互生，宽披针形，全缘，三出脉。头状花序，单生于侧生短枝端，先叶开花；总苞钟状，总苞片5—8枚；雌花和两性花异株；雌花花冠淡紫色；两性花花冠白色。瘦果，冠毛白色。花期4月，果期5月。

分　　布：分布于东北、华北，生山坡林缘或灌丛。

234 凤尾丝兰（龙舌兰科　丝兰属）

Yucca gloriosa L.

校园分布 广布，图书馆周边等地。

专业描述：常绿灌木。茎有主干，有时分枝。叶密集，螺旋状排列，质坚硬；叶片剑形，长40—80厘米，宽4—6厘米，先端锐尖。花葶高大粗壮；花大，乳白色，下垂，多数组成圆锥花序；花被片6，宽卵形。蒴果。花果期6—10月。

分　　布：原产北美，各地广泛栽培。

用　　途：栽培供观赏。

235 中华猕猴桃（猕猴桃科　猕猴桃属）

Actinidia chinensis Planch.

校园分布 图书馆南侧。

专业描述：木质藤本；髓白色，片状。叶片纸质，圆形，边缘有刺毛状齿，下面密生灰棕色星状绒毛。花开时白色，后变黄色；花被5数；雄蕊多数；花柱丝状，多数。浆果卵圆形，密生棕色长毛。花期4—5月，果期9—10月。

分　　布：广布长江流域以南各省区，生长在林内或灌丛中。

用　　途：根、藤和叶入药，清热利水，散瘀止血。果实可生食或酿酒。花可提取香精。可用于垂直绿化。

小 知 识：市场上的“奇异果”即为猕猴桃，为猕猴桃英文“kiwi fruit”的音译。一般进口猕猴桃被称为“奇异果”。

236 紫藤（蝶形花科　紫藤属）

Wisteria sinensis (Sims.) Sweet

校园分布 广布，生物学馆南侧、图书馆北侧。

专业描述：木质藤本。奇数羽状复叶，小叶7—13，卵状椭圆形，全缘。总状花序，侧生，下垂；萼钟状；蝶形花冠，蓝紫色，芳香，旗瓣大，圆形。荚果扁，长条形，长10—20厘米，密被绒毛，悬垂枝上不脱落。花期4—5月，果期5—8月。

分　　布：我国各地常栽培。

用　　途：栽培供观赏。

237 乌头叶蛇葡萄（葡萄科　蛇葡萄属）

Ampelopsis aconitifolia Bunge

校园分布 荷塘、水木清华。

专业描述：木质藤本。卷须与叶对生，2分叉。叶掌状3—5全裂，裂片披针形，常羽状深裂。二歧聚伞花序与叶对生；花小，黄绿色；花萼不分裂；花瓣5；雄蕊5；子房2室，花柱细。浆果近球形，成熟时红色。花期5—6月，果期8—9月。

分　　布：华北地区有分布，生长在山坡灌丛中。

小 知 识：清华大学校园有其变种掌裂草葡萄var. *palmiloba* (Carrière) Rehder，与原变种区别在于，全裂片边缘具不规则粗锯齿，稀为羽状浅裂。东北、华北有分布。

掌裂草葡萄　掌裂草葡萄　掌裂草葡萄

238 地锦 (葡萄科 地锦属)

Parthenocissus tricuspidata (Sieb. et Zucc.) Planch.

别 名：爬山虎

校园分布 广布。

专业描述：木质藤本。枝条粗壮；卷须短，多分枝，枝端有吸盘。叶宽卵形，通常三裂，基部心形，边缘有粗锯齿。聚伞花序，生于短枝顶端的两叶之间。浆果小，蓝色。花期6—7月，果期7—8月。

分 布：我国广泛栽培。

用 途：著名观叶植物。根、茎入药，能祛瘀消肿。

木质藤本

239 五叶地锦（葡萄科　地锦属）

Parthenocissus quinquefolia (L.) Planch.

别　　名：五叶爬山虎

校园分布 广布，校河沿岸等地。

专业描述：木质藤本。卷须具5—9分枝，先端扩大成吸盘。叶为掌状5小叶，小叶倒卵圆形，边缘有粗锯齿。聚伞花序圆柱状，与叶对生。浆果，球形，熟时蓝黑色，稍带白霜。花期6—7月，果期8—10月。

分　　布：原产北美。我国东北、华北有栽培。

用　　途：栽培供观赏。

240 葡萄（葡萄科　葡萄属）

Vitis vinifera L.

校园分布 生物学馆南侧、家属区。

专业描述：落叶木质藤本。卷须长10—20厘米，分枝。叶圆形，通常3—5深裂，基部心形，边缘具粗齿。圆锥花序，大而长，与叶对生；花小，黄绿色。浆果，卵形或长圆形，紫黑色被白粉，或黄色、红色，富含汁液。花期6月，果期8—9月。

分　　布：原产亚洲西部，我国各地普遍栽培。

用　　途：著名水果，品种很多。除生食外，可制葡萄干或酿酒。

小 知 识：市场上常有“葡萄”“提子”之分，其实提子是葡萄的一种，因为品种不一样，所以被区分开来。提子属于欧亚种葡萄，最早是经香港传入中国内地。最初在香港，欧亚品种葡萄被称为“菩提子”，粤语称之为“提子”，随后人们便约定俗成称之为“提子”。后又根据色泽不同，称鲜红色的为红提，紫黑色的为黑提，黄绿色的为青提。提子的外形多呈椭圆形状，具有果粒大、色泽艳、皮肉难以分离、耐储运、品味好的特点。而质软、汁多、易剥皮的果实则被称为葡萄。二者的营养价值区别不大，不过在口感各有千秋。一般进口的葡萄均为提子类。

木质藤本

241 洋常春藤(五加科　常春藤属)

Hedera helix L.

校园分布 图书馆周边。

专业描述：常绿攀缘木本植物。叶革质，互生，在营养枝上的叶3—5裂，生殖枝上的叶卵形至菱形，全缘。花序球形，伞状；花黄白色，萼筒近全缘；花瓣5；雄蕊5。果实球形，黑色。花果期7—8月。

分　　布：原产欧洲，北京有栽培。

用　　途：栽培供观赏。

242 杠柳（萝藦科 杠柳属）

Periploca sepium Bunge

校园分布 荷塘。

专业描述：木质藤本；具乳汁。叶对生，披针形，全缘。聚伞花序腋生，有花数朵；花冠紫红色，花冠裂片5，中间加厚，反折；副花冠环状，10裂，其中5裂片丝向里弯曲。蓇葖果双生，圆柱形。种子多数，顶端有白毛。花果期5—9月。

分　　布：分布于东北、华北、西北、华东，生长在平原及低山丘的林缘、沟坡。

用　　途：茎皮、根皮入药，治关节炎等，但有毒，宜慎用。

243 厚萼凌霄（紫葳科　凌霄花属）

Campsis radicans (L.) Seem.

别　　名：美国凌霄

校园分布 图书馆周边、生物学馆南侧等地。

专业描述：落叶木质藤本，借气生根攀缘他物。奇数羽状复叶，对生，小叶9—11，卵形，边缘具不规则疏锯齿。顶生圆锥花序；萼钟形，棕红色，5浅裂，裂片卵状三角形。花冠漏斗形，橙红色；雄蕊4，2强。蒴果长圆柱形。花期6—9月，果期10月。

分　　布：原产北美，我国各地常见栽培。

用　　途：栽培供观赏。

244 忍冬（忍冬科　忍冬属）

Lonicera japonica Thunb.

别　　名：金银花

校园分布 荷塘、家属区。

专业描述：落叶攀缘灌木。幼枝被毛，小枝中空。叶对生，卵形。花成对生于叶腋；萼筒5裂；花冠二唇形，先白后黄色，芳香，上唇裂片4，下唇反转；雄蕊5。浆果，球形，黑色。花期5—8月，果期8—10月。

分　　布：我国南北均产，生路旁、山坡灌丛或疏林中。

用　　途：栽培供观赏。花可入药，具清热解毒的功效。

245 贯月忍冬（忍冬科　忍冬属）

Lonicera sempervirens L.

别　　名：穿叶忍冬

校园分布 绿园。

专业描述：常绿藤本。叶对生，卵形，下面粉白色，小枝顶端的1—2对叶基部相连成盘状。花轮生，每轮通常6朵，2至数轮组成顶生穗状花序；花冠近整齐，细长漏斗形，外面橘红色，内面黄色，裂片5，近等大。花期4—9月。

分　　布：原产北美洲，我国常栽培。

用　　途：栽培供观赏。

246 箬竹(禾本科 箬竹属)

Indocalamus tessellatus (Munro) Keng f.

校园分布 绿园、荷塘等地。

专业描述：秆高0.75—2米，直径4—7.5毫米；节间长约25厘米；节较平坦。箨鞘长于节间，上部宽松抱秆，下部紧密抱秆；箨耳无；箨舌厚膜质，截形。小枝具2—4叶；叶鞘紧密抱秆，叶片在成长植株上稍下弯，宽披针形或长圆状披针形，先端长尖，基部楔形。圆锥花序长10—14厘米。笋期4—5月。

分　　布：分布于浙江、湖南，生山坡路旁，北京有栽培。

用　　途：栽培供观赏。

竹类

247 旱园竹（禾本科　刚竹属）

Phyllostachys propinqua McClure

校园分布 广布。

专业描述：竿高4—8米，直径3—5厘米，节间绿色，长5—20厘米。箨鞘淡红褐色或黄褐色，背部无毛；箨舌弧形；箨叶平直或略皱，披针形至带形，较箨舌为狭；叶片披针形，长7—16厘米，宽1—2厘米。笋期4—5月。

分　　布：分布于我国南方各省，北京有栽培。

用　　途：栽培供观赏。

竹类

248 无毛翠竹（禾本科　苦竹属）

Pleioblastus distichus (Mitford) Nakai

校园分布 绿园。

专业描述：秆高20—40厘米，直径1—2毫米，秆箨、节间及节处无毛。叶密生，二行列排列，叶鞘无毛，叶耳不发达；叶片线状披针形，长4—7厘米，宽7—10毫米，叶基近圆形，先端渐尖，无毛。

分　　布：我国有栽培。

用　　途：栽培供观赏。

249 华北耧斗菜（毛茛科　耧斗菜属）

Aquilegia yabeana Kitag.

校园分布 游泳馆西侧。

专业描述：多年生草本。基生叶具长柄，为1—2回3出复叶，小叶3裂；茎生叶较小。花下垂，美丽；萼片5，紫色，狭卵形；花瓣与萼片同色，顶端截形，基部延长成距，末端变狭，向内弯曲；雄蕊多数，花药黄色；心皮5。蓇葖果具宿存花柱。花果期5—7月。

分　　布：分布于华北、西北，生山地草坡。

用　　途：花大而美丽，栽培供观赏。

栽培草本

250 大叶铁线莲（毛茛科　铁线莲属）

Clematis heracleifolia DC.

校园分布 蒙民伟楼北侧。

专业描述：直立草本。叶对生，3出复叶，中央小叶具长柄，宽卵形，边缘有粗锯齿，侧生小叶近无柄，较小。花序腋生或顶生，排列成2—3轮；花萼管状，萼片4，蓝色，上部向外弯曲；无花瓣；雄蕊多数；心皮多数，离生。瘦果卵圆形，宿存羽毛状花柱。花果期7—10月。

分　　布：分布于东北、华北、西北、华东，生长在山谷林边或沟边。

用　　途：全草入药，有祛风解湿，解毒消肿的作用。

栽培草本

251 紫茉莉（紫茉莉科　紫茉莉属）
Mirabilis jalapa L.

别　　名：地雷花

校园分布 家属区。

专业描述：一年生草本。茎直立，多分枝。叶对生，卵形。花单生于枝顶端；苞片5，萼片状，绿色；花红色、黄色、白色或杂色，漏斗状，花被管圆柱形，基部膨大成球形而包裹子房。瘦果球形，黑色，具棱。花果期7—10月。

分　　布：原产热带美洲。我国各地栽培。

用　　途：栽培供观赏。根、叶入药，具有清热解毒的功效。种子的胚乳干后为香料，可制成化妆用香粉。

栽培草本

252 鸡冠花（苋科　青葙属）

Celosia cristata L.

校园分布 生物学馆南侧、家属区。

专业描述：一年生草本。茎直立，粗壮。叶卵形，顶端渐尖，基部渐狭，全缘。花序顶生，扁平鸡冠状，中部以下多花；苞片、小苞片和花被片紫色、黄色或淡红色，干膜质，宿存。胞果卵形，盖裂，包裹在宿存花被内。花果期7—10月。

分　　布：我国广泛栽培。

用　　途：栽培供观赏。花和种子药用，有清热止血的功效。

253 石竹（石竹科　石竹属）

Dianthus chinensis L.

校园分布 观畴园东侧、校河沿岸、汽车研究所西侧。

专业描述：多年生草本。茎簇生，直立，节明显。叶对生，披针形，抱茎。花单生，或1—3朵聚伞状；萼圆筒形，萼齿5；花瓣5，红色、粉色或白色，瓣片边缘齿裂，喉部有斑纹和疏生须毛，基部具长爪；雄蕊10；花柱2。蒴果圆筒形。花果期5—9月。

分　　布：原产我国北方；生草原、山坡草地。现世界各国广泛栽培。

用　　途：栽培供观赏。全草作瞿麦入药，能清热、利尿、活血。

小 知 识：植物的学名（拉丁名）种加词“*chinensis*”或者“*sinensis*”均意为“中国的”，有这两个种加词的植物一般原产中国，例如月季（*Rosa chinensis*），粗榧（*Cephalotaxus sinensis*）等。

254 肥皂草（石竹科　肥皂草属）

Saponaria officinalis L.

校园分布 医学院东侧、生物学馆南侧。

专业描述：多年生草本。茎直立，上部分枝，节部膨大。叶对生，椭圆形，抱茎，并稍连生。聚伞花序生于茎顶或上部叶腋，具3—7花。花萼筒状，5齿裂；花瓣5，淡粉色或白色，爪狭长；雄蕊10；子房长圆柱形，花柱2，细长。蒴果卵形，4齿裂。花果期6—9月。

分　　布：原产欧洲，我国各地栽培。

用　　途：栽培供观赏。根可入药，有祛痰、利尿的作用。同时因含皂苷，可用于洗涤器物。

栽培草本

255 麦蓝菜（石竹科 麦蓝菜属）

Vaccaria hispanica (Mill.) Rauschert

别　　名：王不留行

校园分布 汽车研究所西侧

专业描述：一年生草本。茎直立，中空，节部膨大。叶对生，卵形，无柄，微抱茎。聚伞花序有多数花；萼筒具5棱，花后基部稍膨大；花瓣5，粉红色，先端具不整齐小齿，基部具长爪；雄蕊10；花柱2。蒴果卵形，4齿裂，包于宿存萼内。花果期5—8月。

分　　布：除华南外，全国广布，生草地、撂荒地。

用　　途：种子入药，名王不留行，具有活血、通乳、消肿的功效。

256 芍药（芍药科　芍药属）

Paeonia lactiflora Pall.

别　　名：将离、绰约、婪尾春、殿春、没骨花、留夷

校园分布：广布，主楼北侧、生物学馆南侧等地。

专业描述：多年生草本。根粗壮，黑褐色。茎下部叶为2回3出复叶，上部为3出复叶。花顶生或腋生；萼片4；花瓣9—13，白色或粉红色；雄蕊多数。蓇葖果，顶端具喙。花期5—6月，果期8—9月。

分　　布：分布于东北、华北、西北，生于山坡林下或草地。各地常栽培，栽培常为重瓣品种，花色各异。

用　　途：著名观赏植物。根入药，称“白芍”，能镇痛、祛瘀、通经。种子含油量25%，供制肥皂或涂料。

小 知 识：我国芍药栽培历史悠久，早在夏商周时期，即已被中国人作为观赏植物培育。诗经中就有“维士与女，伊其相谑，赠之以芍药”的诗句。郑樵《通志略》记载：“芍药著于三代之际，风雅所流咏也。今人贵牡丹而贱芍药，不知牡丹初无名，依芍药得名”，可见芍药盛名当在“花王”牡丹之前。牡丹芍药并称“花中双绝”，自古有“牡丹为花王，芍药为花相”的说法。

古时人们在别离时，赠送芍药花，以示惜别之意，故芍药又称“将离”。据《本草》记载：“芍药犹绰约也，美好貌。此草花容绰约，故以为名”。唐宋文人称芍药为“婪尾春”，“婪尾”是最后之杯，芍药殿春而放，因有此称。芍药是草本花卉，没有坚硬的木质茎杆，故有“没骨花”之称。因花有香气，又有“留夷”之名。

芍药牡丹同科同属，形态相近，主要区别点如下：

1. 芍药为多年生草本植物，茎绿色；牡丹为灌木，茎灰褐色。

2. 芍药叶片有光泽，上部为三出复叶；牡丹叶片灰绿色，顶生小叶3裂。

3. 芍药花数朵生于枝顶和叶腋；牡丹花单生于枝顶。

4. 牡丹比芍药花期早。牡丹一般在4月中下旬开花，而芍药则在5月上中旬开花。有“谷雨三朝看牡丹，立夏三朝赏芍药”之说。

257 蜀葵（锦葵科　蜀葵属）

Alcea rosea L.

别　　名：熟季花

校园分布 广布，蒙民伟楼北侧、家属区。

专业描述：二年生草本。茎直立，高大，密被刺毛。叶互生，圆心形，具5—7浅裂。花大，单生于叶腋，排列成总状花序，有红、紫、白、黄等色，单瓣或重瓣。果盘状，分果瓣圆形。花果期7—9月。

分　　布：原产我国，各地广泛栽培。

用　　途：栽培供观赏。茎皮纤维可代麻用。全草入药，有清热止血，消肿止痛之功效。

258 芙蓉葵（锦葵科　木槿属）

Hibiscus moscheutos L.

别　　名：草芙蓉

校园分布 寓园餐厅北侧。

专业描述：多年生直立草本。叶卵形，边缘具齿。花单生叶腋；副萼10—12，线形；萼钟形，裂片5，卵状三角形；花大，直径10—15厘米，白色、淡红和红色等，内面基部深红色，花瓣5，倒卵形；花柱枝5。蒴果卵形，果瓣5。花期7—9月。

分　　布：原产美国东部，我国有栽培。

用　　途：栽培供观赏。

栽培草本

锦葵（锦葵科 锦葵属）

Malva cathayensis M.G.Gilbert, Y.Tang & Dorr

校园分布 生物学馆南侧。

专业描述：二年生草本；茎直立。叶圆心形，通常5—7钝圆浅裂，边缘有钝齿。花紫红色，具深紫色纹，簇生于叶腋；小苞片3；萼杯状，5裂；花瓣5，先端微缺。果实扁圆形，分果瓣9—11。花果期5—10月。

分　　布：南北各省常见栽培。

用　　途：栽培供观赏。

260 陆地棉（锦葵科　棉属）

Gossypium hirsutum L.

别　　名：高地棉、棉花

校园分布 生物学馆南侧。

专业描述：一年生草本。叶互生，宽卵形，掌状3—5裂。花单生；副萼3，离生，边缘有多数狭齿；萼杯状，5齿裂；花冠白或淡黄色，后变淡红或紫色。蒴果卵形，3—4室；种子具绒毛。花果期8—10月。

分　　布：原产中美，我国广泛栽种。

用　　途：棉纤维是优良纺织原料。种子可榨油。

栽培草本

261 南瓜（葫芦科　南瓜属）

Cucurbita moschata Duchesne ex Poir.

校园分布 家属区。

专业描述：一年生蔓生草本。茎粗壮，有沟棱，被短硬毛。卷须3—4分枝。单叶互生，宽卵形，5浅裂或有5角，两面密被茸毛，边缘有细齿。花雌雄同株，单生；花冠钟状，黄色，5中裂，裂片外展，具皱纹。瓠果，形状多样因品种而不同。花期5—7月，果期7—9月。

分　　布：原产墨西哥至中美洲，我国各地广泛栽培。

用　　途：果实作蔬菜，种子可食用或入药。

八宝（景天科　八宝属）

Hylotelephium erythrostictum (Miq.) H. Ohba

别　　名：景天、活血三七

校园分布 家属区。

专业描述：多年生草本。茎直立，不分枝。叶对生，肉质，少有互生或3叶轮生，长圆形，边缘有疏锯齿。聚伞花序顶生；多花密集；萼片5，卵形；花瓣5，白色或粉红色，宽披针形；雄蕊10，花药紫色；心皮5，直立。花果期8—10月。

分　　布：分布于东北、华北、西南、华中、华东，生山坡草地，北京常见栽培。

用　　途：全草入药，有清热解毒，散瘀消肿的功效，也可供观赏。

263 费菜（景天科　费菜属）

Phedimus aizoon (L.) 't Hart

别　　名：景天三七、土三七

校园分布 生物学馆南侧、紫荆公寓附近。

专业描述：多年生草本。茎直立。叶互生，肉质，披针形，边缘有不整齐的锯齿。聚伞花序；花密生；萼片5，线形；花瓣5，黄色，长圆形；雄蕊10，较花瓣为短；心皮5，基部稍连和。蓇葖果，星芒状排列。花果期6—9月。

分　　布：分布于西北、华北、东北、华中、华东；生长在山地阴湿处。

用　　途：全草入药，有止血散瘀、安神镇痛的功效。

264 垂盆草（景天科　景天属）

Sedum sarmentosum Bunge

校园分布 问询处南侧、新清华学堂南侧、家属区。

专业描述：多年生草本。枝细弱，匍匐，节上生根。叶3枚轮生，倒披针形，肉质，全缘。聚伞花序，有3—5个分枝；萼片5，披针形；花瓣5，淡黄色，披针形；雄蕊10，较花瓣短；心皮5。花期5—7月。

分　　布：南北各省均有分布；生长在低山阴湿石上。

用　　途：栽培供观赏。全草入药，能清热解毒。

栽培草本

265 绣球小冠花(蝶形花科 小冠花属)

Coronilla varia L.

校园分布 近春园楼周边。

专业描述：多年生草本。茎直立，多分枝。奇数羽状复叶，小叶11—17，椭圆形。伞形花序腋生，花5—10，密集排列成绣球状；花萼膜质，萼齿短于萼管；花冠蝶形，紫色、淡红色或白色，有明显紫色条纹。荚果细长，圆柱形。花期6—7月，果期8—9月。

分　　布：原产地中海地区，我国有栽培。

用　　途：栽培供观赏。

266 扁豆（蝶形花科　扁豆属）

Lablab purpureus (L.) Sweet

校园分布 家属区。

专业描述：一年生缠绕草本。三出羽状复叶，顶生小叶菱卵形，全缘，侧生小叶斜卵形。总状花序腋生，花序轴粗壮，有花2—20朵；花萼钟状，5齿裂；花冠蝶形，白色或紫红色，长1.5—1.8厘米。荚果，镰刀状半月形或长圆形，扁平。花期7—9月，果期8—10月。

分　　布：我国各地栽培。

用　　途：嫩荚为蔬菜。

267 白车轴草（蝶形花科　车轴草属）

Trifolium repens L.

别　　名：白三叶草

校园分布 广布，生物学馆南侧。

专业描述：多年生草本。茎匍匐。掌状复叶，小叶3，倒卵形，边缘具细锯齿。头状花序，有花10朵以上，有长总花梗；萼钟状，萼齿三角形；蝶形花冠，白色或淡红色。荚果倒卵状椭圆形。花期4—6月，果期8—9月。

分　　布：原产欧洲和北非，我国常见种植。

用　　途：优良牧草，也可栽培供观赏。

栽培草本

268 千屈菜（千屈菜科　千屈菜属）

Lythrum salicaria L.

别　　名：水柳

校园分布 广布，荷塘周边、绿园等地均有栽培。

专业描述：多年生草本。茎直立，多分枝。叶对生或3枚轮生，狭披针形，无柄，有时基部略抱茎。总状花序顶生；花两性，数朵簇生于叶状苞片腋内；花瓣6，紫色；雄蕊12，2轮，长短不一。蒴果，包藏于萼内。花果期6—10月。

分　　布：分布于全国各地，生长在水旁湿地。

用　　途：栽培供观赏。全草入药，有收敛止泻的功效。

小 知 识：“*salicaria*”意为“柳叶状”，源自柳属（*Salix*），即千屈菜的叶子是柳叶状的，而千屈菜常生长在水边，因而也被称为“水柳”。

269 美丽月见草（柳叶菜科　月见草属）

Oenothera speciosa Nutt.

别　　名：粉花月见草，粉晚樱草

校园分布 家属区。

专业描述：多年生草本。茎直立。叶互生，披针形，常无柄，边缘有疏细锯齿。花单生于枝端叶腋，排成疏穗状。花粉红色，萼管细长，先端4裂；花瓣4；雄蕊8；柱头4裂。花果期6—9月。

分　　布：原产美洲，我国各地栽培。

用　　途：栽培供观赏。

栽培草本

270 宿根亚麻（亚麻科　亚麻属）

Linum perenne L.

校园分布 近春园楼东侧 。

专业描述：多年生草本。茎直立，分枝。叶互生，线形。聚伞花序，顶生或生于上部叶腋。萼片5，卵形，全缘，宿存；花瓣5，倒卵形，紫蓝色；雄蕊5，基部结合，退化雄蕊5；子房5室，花柱5枚。蒴果，球形。花期5—7月，果期7—8月。

分　　布：分布于华北、西北、西南，生干旱草原，干燥山坡等地。

用　　途：栽培供观赏。

271 凤仙花（凤仙花科　凤仙花属）

Impatiens balsamina L.

别　　名：指甲花

校园分布 家属区。

专业描述：一年生草本。叶互生，披针形，边缘有锐锯齿。花大，白色、粉色或红色，单生或数朵簇生，下垂；花萼距向下弯曲。蒴果纺锤形，具绒毛，熟时弹裂。种子多数，椭圆形，深褐色。花期7—9月，果期8—10月。

分　　布：南北各省均有栽培。

用　　途：栽培供观赏。民间常用花叶染指甲。全草及种子入药，有活血散瘀、利尿解毒等功效。

栽培草本

272 辣椒（茄科　辣椒属）

Capsicum annuum L.

校园分布 家属区。

专业描述：一年生草本或亚灌木。叶互生，卵形，全缘。花单生，俯垂；花萼杯状，不显著5齿；花冠白色，裂片卵形；花药灰紫色。浆果，长指状，未成熟时绿色，成熟后成红色、橙色或紫红色，味辣。种子扁肾形，淡黄色。花果期5—11月。

分　　布：原产南美洲，我国各地栽培。

用　　途：果实作蔬菜。

小 知 识：明代前，中国传统的辛香料主要为姜、花椒和胡椒等，尤以花椒为主，没有辣椒。辣椒是在明代末期，从美洲的秘鲁、墨西哥传入中国的。最早主要作为药物使用，用来内服怯寒暖脾胃或外擦防冻。辣椒最早亦作为观赏植物，放进菜肴中的时间较晚。史料记载贵州、湖南一带最早开始吃辣椒的时间在清乾隆年间，而普遍开始吃辣椒更迟至道光以后。

273 番茄（茄科　番茄属）

Lycopersicon esculentum Mill.

别　　名：西红柿

校园分布　家属区。

专业描述：一年生草本。植物体被黏质腺毛，具强烈气味。叶为羽状复叶或羽状分裂，边缘有缺刻状齿。花黄色，3—7朵生于聚伞花序上，花序腋外生；花萼裂片5—6；花冠辐状，5—7深裂。浆果扁球状或近球状，成熟后红色或黄色。花果期4—9月。

分　　布：原产南美洲，我国各地栽培。

用　　途：果实作蔬菜或水果。

小 知 识：番茄原产秘鲁。因为色彩娇艳，当地人认为番茄有毒，称之为“狼桃”。16世纪，英国俄罗达拉里公爵见番茄外皮鲜美红艳，带回英国送给情人。从此，欧洲人称番茄为“爱情苹果”。最初人们认为番茄有毒，仅作为观赏植物栽种。18世纪开始作为蔬菜栽培，现已成为全世界栽培最为普遍的蔬菜之一。

274 茑萝松（旋花科　番薯属）

Ipomoea quamoclit L.

别　　名：茑萝，羽叶茑萝

校园分布 家属区。

专业描述：一年生草本。茎缠绕。叶互生，羽状深裂，裂片条形。聚伞花序腋生，有花数朵；萼片5，椭圆形；花冠高脚碟状，深红色，冠檐5浅裂；雄蕊5，不等长；子房4室，柱头头状，2裂。蒴果，卵圆形。种子4，黑褐色。花果期7—10月。

分　　布：原产南美洲，我国各地庭园中常栽培。

用　　途：栽培供观赏。

栽培草本

275 橙红茑萝（旋花科　番薯属）

Ipomoea cholulensis Kunth

别　　名：圆叶茑萝

校园分布 家属区。

专业描述：橙红茑萝与茑萝松相似，区别在于叶心形，全缘；花橙红色。

分　　布：原产南美洲，我国各地庭园常栽培。

用　　途：栽培供观赏。

橙红茑萝

葵叶茑萝

栽培草本

276 葵叶茑萝（旋花科　番薯属）

Ipomoea × *sloteri* (House) Ooststr.

别　　名：槭叶茑萝

校园分布 家属区。

专业描述：葵叶茑萝与茑萝松相似，区别在于叶掌状深裂，裂片披针形。

分　　布：我国各地栽培。

用　　途：栽培供观赏。

277 天蓝绣球（花荵科　天蓝绣球属）

Phlox paniculata L.

别　　名：福禄考

校园分布 家属区。

专业描述：多年生草本。茎丛生，直立。叶对生，有时3叶轮生，披针形，全缘。圆锥花序顶生，多花密集成塔形；花萼筒状；花冠高脚碟状，红、淡红、蓝紫、紫或白色；雄蕊5，着生花冠筒上，长短不一。花果期7—9月。

分　　布：原产北美，我国各地栽培。

用　　途：栽培供观赏。

天蓝绣球

藿香

栽培草本

278 藿香（唇形科　藿香属）

Agastache rugosa (Fisch. & Mey.) Kuntze

校园分布 家属区、蒙民伟楼北侧。

专业描述：多年生草本。有香味。茎直立，四棱形。叶卵形，具柄，边缘具粗齿。轮伞花序多花，排列成顶生密集穗状花序；苞片披针形。花萼管状钟形；花冠淡紫蓝色，二唇形，上唇直伸，下唇3裂；雄蕊4，伸出花冠。花期6—9月，果期9—11月。

分　　布：全国广布，生山坡道旁，林下草地。

用　　途：全草入药，具有清暑的功效。

279 罗勒（唇形科 罗勒属）

Ocimum basilicum L.

校园分布 生物学馆南侧、家属区。

专业描述：一年生草本。有香味。叶对生，卵圆形，边缘有齿或近全缘。轮伞花序，6花，排列成总状花序；花萼钟形，二唇形，果时增大；花冠淡紫色，二唇形，上唇4裂，下唇全缘。小坚果，卵球形。花期7—9月，果期8—10月。

分　　布：南北各省均有栽培。

用　　途：栽培供观赏，全草入药。

栽培草本

280 紫苏 (唇形科　紫苏属)

Perilla frutescens (L.) Britt.

校园分布 第四教室楼周边、家属区。

专业描述：一年生草本。具香味。茎四棱，具槽，被长柔毛。叶片宽卵形，边缘具粗齿，两面绿色或紫色。轮伞花序2花，组成偏向一侧的假总状花序；花萼钟状，果时增大，二唇形；花冠紫红色至白色，上唇微缺，下唇3裂。小坚果，球形。花期8—9月，果期9—10月。

分　　布：全国各地栽培。

用　　途：为药用和香料植物，嫩叶可食。

假龙头花（唇形科　假龙头花属）

Physostegia virginiana (L.) Benth.

校园分布 蒙民伟楼北侧。

专业描述：多年生草本。叶对生，披针形，边缘有锯齿。穗状圆锥花序；萼5裂，近等长；花冠二唇形，紫红色，粉红色或白色；雄蕊4；子房4深裂。小坚果4。花期8—9月，果期9—10月。

分　　布：原产北美，北京引种栽培。

用　　途：栽培供观赏。

282 粉萼鼠尾草（唇形科　鼠尾草属）

Salvia farinacea Benth.

别　　名：蓝花鼠尾草、一串蓝

校园分布 工字厅南侧。

专业描述：多年生草本。叶对生，长圆形至披针形，边缘疏生浅齿。轮伞花序多花，组成顶生总状花序；花萼长圆状钟形，被蓝色或白色绵毛；花冠蓝色，二唇形，上唇上圆形，下唇较上唇长，3裂。花果期6—10月。

分　　布：原产墨西哥，北京有引种栽培。

用　　途：栽培供观赏。

栽培草本

283 一串红（唇形科　鼠尾草属）

Salvia splendens Ker. Gawl.

校园分布 广布。

专业描述：一年生草本。茎直立，四棱形，具浅槽。叶片卵圆形。轮伞花序具2—6花，组成顶生的总状花序；花萼钟状，红色，上唇三角状卵形，下唇2深裂；花冠红色，直伸，筒状，上唇顶端微缺，下唇3裂；能育雄蕊2。4小坚果。花果期7—10月。

分　　布：原产巴西，我国广泛种植。

用　　途：栽培供观赏。

284 指状钓钟柳（玄参科　钓钟柳属）

Penstemon digitalis Nutt. ex Sims

别　　名：电灯花、毛地黄钓钟柳

校园分布 综合体育馆西侧、游泳馆西侧等地。

专业描述：多年生草本。叶对生，卵形至披针形，无柄。花单生或3—4朵生于叶腋，组成顶生圆锥花序；花萼钟状；花冠白色，二唇形，上唇2裂，下唇3裂，花朵略下垂。花期5—6月。

分　　布：原产美洲，我国有引种栽培。

用　　途：栽培供观赏。

285 桔梗 (桔梗科　桔梗属)

Platycodon grandiflorus (Jacq.) A. DC.

校园分布 家属区。

专业描述：多年生草本。具白色乳汁。根长圆柱形，皮黄褐色。叶3枚轮生，对生或互生，叶片卵形，边缘有尖锯齿。花1至数朵生于茎顶端；花萼钟状，裂片5，三角形；花冠蓝紫色，钟状，5浅裂；雄蕊5；子房下位，花柱5裂。蒴果倒卵形，顶部5瓣裂。花期7—9月，果期8—10月。

分　　布：全国广布，生灌丛、草地。

用　　途：根入药，有祛痰、利咽的功效，花可作为观赏植物。

栽培草本

286 荷兰菊（菊科　紫菀属）

Aster novi-belgii L.

校园分布 蒙民伟楼北侧。

专业描述：多年生草本。茎直立，多分枝。叶长圆形，叶边全缘或有浅锯齿，上部叶无柄，微抱茎。头状花序顶生，直径2—2.5厘米，呈圆锥状排列；舌状花蓝紫色，长约1.2厘米；管状花黄色。花果期8—10月。

分　　布：原产北美，我国各地栽培。

用　　途：栽培供观赏。

287 翠菊（菊科 翠菊属）

Callistephus chinensis (L.) Nees

别　　名：江西腊、六月菊

校园分布 家属区。

专业描述：一、二年生草本。茎直立，有白色糙毛。基部和下部叶花时凋谢；中部茎叶卵形，边缘有粗齿，两面被疏短硬毛。头状花序大，单生于枝端，直径6—7厘米；总苞片3层，外层叶质；边缘舌状花雌性，1至多层，紫色、蓝色、红色或白色，中央有多数筒状两性花。瘦果，倒卵形。花果期8—10月。

分　　布：分布于东北、华北、西北、西南等省，生山坡、林缘、灌丛。

用　　途：栽培供观赏。

288 红花（菊科　红花属）

Carthamus tinctorius L.

校园分布 校河沿岸。

专业描述：一年生草本。茎直立，上部分枝。叶长椭圆形，边缘羽状齿裂，齿端有针刺，上部叶渐小，成苞片状，围绕头状花序。头状花序，直径3—4厘米，排成伞房状；苞片边缘具针刺；管状花橘红色。瘦果，椭圆形。花期7—8月，果期8—9月。

分　　布：原产中亚地区，我国引种栽培。

用　　途：花入药，能活血通经。种子油可食用。

289 **山矢车菊**（菊科　矢车菊属）

Centaturea montana L.

校园分布 理学院北侧。

专业描述：多年生草本。茎通常不分枝。叶互生，阔披针形，叶边全缘或有齿缘、互波状缘。头状花序单生于枝端；缘花发达而伸长，具4—5线状裂，紫色、蓝色、淡红色或白色。瘦果椭圆形，冠毛刺毛状。花果期5—6月。

分　　布：原产欧洲，我国各地庭园常栽培。

用　　途：栽培供观赏。

栽培草本

290 菊花（菊科　菊属）

Chrysanthemum morifolium Ramat.

校园分布 广布。

专业描述：多年生草本。茎直立，多分枝，密被白色柔毛。叶卵形，羽状深裂或浅裂，上面深绿色，下面淡绿色，两面密被白色短毛。头状花序，单生或数个集生茎顶，直径2.5—15厘米，因栽培品种不同而差异较大；舌状花颜色各异，白色、黄色、粉红色、淡紫色至紫红色；管状花黄色，或因栽培变化而全为舌状花。瘦果，一般不发育。花果期9—10月。

分　　布：原产我国，世界各地广泛栽培。

用　　途：栽培供观赏。花入药，有散风清热、明目平肝等功效。

291 剑叶金鸡菊（菊科　金鸡菊属）

Coreopsis lanceolata L.

别　　名：大金鸡菊

校园分布 广布，西大操场北侧、蒙民伟楼北侧等地。

专业描述：多年生草本。茎直立，上部有分枝。叶较少数，在茎基部成对簇生，有长柄，叶片匙形或线状倒披针形；茎上部叶少数，全缘或三深裂。头状花序单生茎顶，直径4—5厘米；总苞片内外层近等长，披针形；舌状花黄色，舌片倒卵形；管状花黄色。花果期6—9月。

分　　布：原产北美，我国各地栽培。

用　　途：栽培供观赏。

栽培草本

292 秋英（菊科　秋英属）

Cosmos bipinnatus Cav.

别　　名：大波斯菊

校园分布 家属区。

专业描述：一年生草本。茎直立，有分枝。叶二回羽状深裂，裂片线形。头状花序，单生，直径4—6厘米；总苞片外层披针形，近革质，内层膜质；舌状花紫红色，粉红色或白色，舌片倒卵形；管状花黄色。瘦果黑紫色。花期6—8月，果期9—10月。

分　　布：原产墨西哥，我国各地栽培。

用　　途：栽培供观赏。

293 大丽花（菊科　大丽花属）

Dahlia pinnata Cav.

别　　名：西番莲

校园分布 家属区。

专业描述：多年生草本。有纺锤状块根。茎直立，粗壮。叶1—3回羽状全裂，上部叶有时不分裂，裂片卵形。头状花序大，直径6—12厘米；舌状花1层，白色、红色、紫色或黄色，常卵形，顶端有不明显的3齿，或全缘；管状花黄色，许多栽培品种全为舌状花。花果期6—10月。

分　　布：原产墨西哥，我国各地栽培。

用　　途：栽培供观赏。

栽培草本

294 松果菊（菊科　松果菊属）

Echinacea purpurea (L.) Moench

校园分布 广布。

专业描述：多年生草本。叶互生，卵形，边缘有锯齿。头状花序，单生花梗上；花托凸出；舌状花一轮，紫红色，先端具2浅齿；管状花两性，紫色。瘦果，具4棱。花果期7—10月。

分　　布：原产北美，我国引种栽培。

用　　途：栽培供观赏。

295 佩兰（菊科　泽兰属）

Eupatorium fortunei Turcz.

别　　名：兰草

校园分布 家属区。

专业描述：一年生草本。叶卵形，有锯齿，3全裂。头状花序排列成复伞房花序；总苞钟状；总苞片顶端钝；头状花序含小花5朵，花红紫色。瘦果，无毛及腺点。花果期8—10月。

分　　布：全国广布，常栽培。

用　　途：全草入药，有化湿解暑、健脾消食的功效。

栽培草本

296 宿根天人菊（菊科　天人菊属）

Gaillardia aristata Pursh.

别　　名：大天人菊

校园分布 广布，西大操场北侧等地。

专业描述：多年生草本。全株被粗毛。下部叶匙形或倒披针形，边缘波状钝齿、浅裂至琴状分裂；上部叶长椭圆形。头状花序，直径约5厘米；舌状花黄色，基部带紫色；管状花裂片三角形，顶端成芒状。花果期6—8月。

分　　布：原产北美，北京有引种栽培。

用　　途：栽培供观赏。

297 向日葵（菊科　向日葵属）

Helianthus annuus L.

校园分布 家属区。

专业描述：一年生草本。茎直立，粗壮，被粗硬毛。叶互生，宽卵形，两面被糙毛，基出三脉。头状花序极大，单生于茎端；总苞片多层，叶质，卵圆形；花托平；舌状花雌性，金黄色，不结实；管状花两性，棕色或紫色，结实。瘦果倒卵形，冠毛早落。花果期7—9月。

分　　布：原产北美，我国各地均有栽培。

用　　途：瘦果榨油可食用，为重要的油料作物。

栽培草本

298 美丽向日葵（菊科　向日葵属）

Helianthus laetiflorus Pers.

校园分布 广布，生物学馆南侧等地。

专业描述：多年生草本。茎直立，粗糙或有硬毛。叶卵状披针形，边缘有锯齿，具三出脉，两面均粗糙。头状花序，多数，直径5—10厘米；总苞半球形；舌状花深黄色；15—25朵；管状花黄色。花果期8—10月。

分　　布：原产北美，北京有栽培。

用　　途：栽培供观赏。

299 菊芋（菊科　向日葵属）

Helianthus tuberosus L.

别　　名：洋姜

校园分布 家属区。

专业描述：多年生草本，具块茎。茎直立，上部分枝，被糙毛。下部叶对生，上部叶互生，卵形，离基三出脉，边缘有锯齿。头状花序数个，生于枝端，直径约5—9厘米；总苞片披针形，开展；舌状花淡黄色；管状花黄色。瘦果，楔形。花果期8—10月。

分　　布：原产北美，我国各地常有栽培。

用　　途：块茎形如生姜，故名“洋姜”，富含淀粉，加工后又可制酱菜，又可制菊糖（在医药上供治糖尿病用）及酒精。

300 蛇鞭菊（菊科　蛇鞭菊属）

Liatris spicata (L.) Willd.

校园分布 蒙民伟楼北侧。

专业描述：多年生草本。茎直立。叶线状披针形，由下向上渐小。头状花序，排列为密穗状，直径约1—1.5厘米，全为管状花，粉红色或白色。瘦果。花果期7—9月。

分　　布：原产北美，北京有引种栽培。

用　　途：栽培供观赏。

301 黑心金光菊（菊科　金光菊属）

Rudbeckia hirta L.

校园分布 广布，图书馆北侧等地。

专业描述：一年或二年生草本。全株被粗刺毛。下部叶长卵圆形，三出脉，边缘有细锯齿；上部叶长圆披针形。头状花序，直径5—7厘米，有长花序梗；舌状花鲜黄色，舌片长圆形，通常10—14个；管状花暗褐色或暗紫色。瘦果，四棱形，黑褐色。花果期7—9月。

分　　布：原产北美，我国引种栽培。

用　　途：栽培供观赏。

栽培草本

302 万寿菊（菊科　万寿菊属）

Tagetes erecta L.

校园分布 广布，西北门附近、家属区等地栽种。

专业描述：一年生草本。茎直立，粗壮，具纵细条棱，分枝向上平展。叶羽状全裂。头状花序单生，花序梗顶端棍棒状膨大；总苞杯状，顶端具齿尖；舌状花黄色或暗橙色，倒卵形；管状花花冠黄色。瘦果线形。花期7—10月。

分　　布：原产墨西哥，我国各地栽培。

用　　途：栽培供观赏。

303 孔雀草（菊科　万寿菊属）

Tagetes patula L.

别　　名：小万寿菊、红黄草

校园分布 广布。

专业描述：一年生草本。茎直立，多分枝。叶对生，羽状分裂。头状花序单生，总苞长椭圆形；舌状花金黄色或橙色，带有红色斑；管状花花冠黄色，5齿裂。瘦果线形，黑色。花期7—9月。

分　　布：原产墨西哥，我国各地普遍栽培。

用　　途：栽培供观赏。

304 百日菊（菊科　百日菊属）
Zinnia elegans Jacq.

别　　名：百日草、步步高

校园分布 家属区。

专业描述：一年生草本。茎直立，被糙毛。叶卵形，基部稍心形抱茎，基出三脉。头状花序，单生枝端；总苞宽钟状；总苞片多层，宽卵形；舌状花深红色、玫瑰色、紫堇色或白色，舌片倒卵形，先端2—3齿裂或全缘；管状花黄色或橙色，先端裂片卵状披针形。瘦果，倒卵圆形。花果期6—10月。

分　　布：原产墨西哥，我国广泛栽培。

用　　途：栽培供观赏。

305 白颖薹草（莎草科　薹草属）

Carex duriuscula C. A. Mey. subsp. *rigescens*(Franch.) S. Y. Liang & Y. C. Tang

别　　名：细叶薹草

校园分布 广布。

专业描述：多年生草本。秆高3—10厘米，三棱形。叶片纤细。花穗顶生，小穗具少数花，紧密排列成卵形，红褐色；小穗雌雄性，雄花在上，雌花在下。花果期4—6月。

分　　布：分布于东北、华北、西北，生山坡草地。

用　　途：可作草皮植物。

栽培草本

306 异穗薹草（莎草科　薹草属）

Carex heterostachya Bunge

校园分布 广布。

专业描述：多年生草本。秆高15—30厘米，三棱形。基生叶线形。小穗3—4个，顶生小穗雄性，线形，鳞片卵状披针形，背部黑褐色；雌小穗侧生，长圆形，花密集。花果期4—6月。

分　　布：分布于东北、华北、西北，生山坡草地。

用　　途：可作草皮植物。

栽培草本

风车草（莎草科 莎草属）

Cyperus involucratus Rottb.

别　　名：旱伞草

校园分布：主楼北侧、家属区。

专业描述：多年生草本。秆高30—60厘米，直立，三棱形。秆顶有多数叶状总苞苞片，呈密集螺旋状排列，形成伞状；花序常有1—2次辐射枝；小穗长圆形，扁平，含6—12花。花果期4—8月。

分　　布：原产非洲，我国引种栽培。

用　　途：栽培供观赏。

栽培草本

308 芦竹（禾本科　芦竹属）
Arundo donax L.

校园分布 主楼北侧、家属区。

专业描述：多年生草本。根状茎发达，粗而多节。秆粗壮，高2—6米，可分枝，具多数节。叶片扁平，长30—50厘米。圆锥花序较密，直立，长30—60厘米；小穗含2—4小花。花果期9—12月。

分　　布：分布于南方各省，北京有栽培。

用　　途：栽培供观赏。

栽培草本

309 草甸羊茅（禾本科　羊茅属）

Festuca pratensis Huds.

校园分布 广布。

专业描述：多年生草本。秆平滑无毛，高30—60厘米。叶鞘平滑无毛，短于节间；叶片扁平或边缘纵卷，基部具披针形镰刀形状弯曲的叶耳，耳边缘具短纤毛。圆锥花序长10—20厘米，疏松，花期开展，分枝孪生，上部密生小穗；小穗绿色，含4—9花。花果期5—7月。

分　　布：分布于新疆，我国各省有栽培。

栽培草本

310 草地早熟禾（禾本科　早熟禾属）

Poa pratensis L.

校园分布 广布。

专业描述：多年生草本，具细根状茎。秆丛生，光滑，高50—80厘米。叶舌膜质，长1—2毫米；叶片条形，柔软，宽2—4毫米。圆锥花序开展，长13—20厘米，分枝下部裸露；小穗长4—6毫米；含3—5小花。花期5—6月，果期6—8月。

分　　布：南北各省均有分布。

用　　途：可作牧草，常作草皮植物。

311 狼尾草（禾本科　狼尾草属）

Pennisetum alopecuroides (L.) Spreng.

校园分布 荷塘周边、蒙民伟楼北侧。

专业描述：多年生草本。秆丛生。叶鞘光滑，叶片条形。穗状圆锥花序，长5—20厘米，主轴密生柔毛；刚毛长1—2.5厘米，成熟后通常呈黑紫色；小穗常单生，含1—2小花。花果期7—10月。

分　　布：南北各省均有分布。

用　　途：栽培供观赏。

栽培草本

312 黄花菜（百合科　萱草属）

Hemerocallis citrina Boroni

别　　名：金针菜

校园分布 家属区。

专业描述：多年生草本。叶基生，排成两列，线形。花葶长短不一，具分枝；花多朵，花被淡黄色，花瓣管长3—5厘米；花被裂片6；雄蕊6；子房3室。蒴果，种子多数。花果期5—9月。

分　　布：产华北和秦岭以南各省，生山坡、林缘。

用　　途：花可加工为干菜，栽培可供观赏。

小 知 识：黄花菜由于长期栽培，品种很多。新鲜的黄花菜，特别是花药含秋水仙碱，有毒，必须经过开水焯制并用冷水浸泡后才可食用。

313 萱草（百合科　萱草属）

Hemerocallis fulva (L.) L.

别　　名：忘忧草

校园分布 广布。

专业描述：多年生草本。叶基生，排成两列，线形。花葶粗壮，由聚伞花序组成圆锥花序，具6—12花或更多；花橘红色至橘黄色，花被裂片6，内轮花被片中部具褐红色的彩斑；雄蕊6。蒴果，长圆形。花果期5—8月。

分　　布：原产我国南部，现各地栽培，品种极其多样。

用　　途：栽培供观赏。

小 知 识：1. 成语有“椿萱并茂”，其中椿为香椿，萱即为萱草，古时称父亲为“椿庭”，母亲为“萱堂”，因为香椿寿命长，萱草可以使人忘忧，因此成语的意思是父母均健在、安康。

2. 萱草品种极其多样，常见的有“金娃娃萱草”‘Stella de oro’，原产美国，我国引种栽培。植株30—40厘米，花黄色，花径约6厘米，清华大学校园广泛栽培。

金娃娃萱草

栽培草本

314 玉簪（百合科　玉簪属）

Hosta plantaginea (Lam.) Aschers.

校园分布 广布。

专业描述：多年生草本。根状茎粗壮。叶大，基生，具长柄，卵形，弧形叶脉。花葶从叶丛中央抽出；总状花序；花白色，芳香，花被漏斗状，上部6裂；雄蕊6。蒴果，圆柱状，具3棱。花果期6—10月。

分　　布：我国各地普遍栽培。

用　　途：栽培供观赏，全草入药。

栽培草本

315 紫萼（百合科 玉簪属）

Hosta ventricosa (Salisb.) Stearn

校园分布 近春园楼周边。

专业描述：多年生草本。叶基生，卵形。花葶从叶丛中抽出，总状花序；花紫色；花被管下部细，上部膨大成钟形，裂片6；雄蕊6，伸出花被外。蒴果圆柱形。花果期6—9月。

分　　布：原产我国中部，各地常见栽培。

用　　途：栽培供观赏。

栽培草本

316 火炬花（百合科　火把莲属）

Kniphofia uvaria (L.) Oken.

别　　名：火把莲

校园分布 汽车研究所西侧。

专业描述：多年生草本。基生叶线状披针形。花梗长约80厘米，总状花序密集，长约30厘米，具多花；小花下垂，花冠管状，先端6裂，红色、橙色至淡黄绿色；雄蕊6，常伸出花冠。花期5—6月。

分　　布：原产南非，我国引种栽培。

用　　途：栽培供观赏。

317 山麦冬 (百合科　山麦冬属)

Liriope spicata (Thunb.) Lour.

别　　名：土麦冬

校园分布 广布。

专业描述：多年生草本。叶基生，密生成丛，叶线形。花葶从叶腋中抽出，通常长于叶或与叶等长；总状花序；花小，淡紫色；花被片6，离生；雄蕊6；子房近球形。果实在发育早期外果皮破裂，露出种子，浆果状，成熟时紫黑色。花期5—8月，果期8—10月。

分　　布：南北各省广泛分布或栽培。

用　　途：栽培供观赏。

318 马蔺(鸢尾科　鸢尾属)

Iris lactea Pall. var. *chinensis* (Fisch.) Koidz.

别　　名：马兰、马莲

校园分布 广布，蒙民伟楼北侧等地。

专业描述：多年生草本。根状茎粗壮。叶线形，基部鞘状。花蓝紫色，花被片6，两轮，披针形；雄蕊3，花药黄色；子房下位，纺锤形，花柱3，末端2裂，蓝紫色，花瓣状。蒴果，长圆柱形，具3棱。花果期4—7月。

分　　布：分布于东北、华北、西北、西南、华东各省，生荒地、路旁、山坡草地。

用　　途：马蔺习性耐盐碱、耐践踏，根系发达，可用于水土保持和改良盐碱土。种子和花可入药。马蔺也可栽培供观赏。

319 黄菖蒲（鸢尾科　鸢尾属）

Iris pseudacorus L.

别　　名：黄花鸢尾

校园分布 主楼北侧。

专业描述：多年生草本。根状茎粗壮。基生叶灰绿色，宽剑形，顶端渐尖；花茎粗壮，上部分枝，茎生叶比基生叶短而窄。花黄色，直径约10厘米；花被片6，两轮；雄蕊3；花柱分枝3，淡黄色。蒴果，具三棱。花期5—6月，果期6—8月。

分　　布：原产欧洲，我国各地栽培。

用　　途：栽培供观赏。

栽培草本

320 鸢尾（鸢尾科　鸢尾属）

Iris tectorum Maxim.

校园分布 广布。

专业描述：多年生草本。根状茎短而粗壮。叶剑形，扁平，2列，基部套折。花蓝紫色，外轮花被片较大，具深色网纹，中部有不规则鸡冠状附属物，被白色髯毛；内轮花被片较小；花柱分枝3，花瓣状。蒴果长圆形，具6棱。花果期4—7月。

分　　布：原产我国中部，各地广泛栽培。

用　　途：栽培供观赏。根茎入药，有消积、通便、散瘀的功效。

321 薯蓣（薯蓣科　薯蓣属）

Dioscorea polystachya Turcz.

别　　名：山药

校园分布 家属区。

专业描述：多年生缠绕草本。块茎长圆柱形，肥大，肉质，具黏液。单叶互生，中部以上叶对生，叶腋内生珠芽，叶片三角状卵形或长圆形，基部心形。花序穗状，生于叶腋；雄花序直立，数枚簇生；雌花序下垂。蒴果倒卵形，具三翅。花期7—8月，果期8—10月。

分　　布：我国各地栽培或野生。

用　　途：块茎可食，珠芽也可食。

栽培草本

322 节节草（木贼科　木贼属）

Equisetum ramosissimum Desf.

校园分布 校河沿岸。

专业描述：多年生草本。根状茎横走，黑色。地上茎高20—100厘米，直立，灰绿色，基部有2—5分枝，中空，有棱脊6—20条。叶退化，下部联合成鞘，鞘齿短三角形，黑色，有易落的膜质尖尾。孢子囊穗生枝顶，长圆形。

分　　布：广布于全国各地，生潮湿路旁、砂地、荒原或溪边。

用　　途：地上茎药用，能明目退翳、清热、利尿。

野生草本

323 北马兜铃(马兜铃科　马兜铃属)

Aristolochia contorta Bunge

校园分布 广布，荷塘、水木清华、绿园等地。

专业描述：草质藤本。叶互生，常心形，全缘。花3—10朵簇生于叶腋；花被管状，基部成球形，上部筒状，花被筒上部成二唇开展，顶端延长成线形尾尖。蒴果下垂，倒卵形，6瓣裂开。花期7—8月，果期9—10月。

分　　布：分布于东北、华北，生山坡灌丛边及沟旁。

用　　途：根和果入药，有祛痰发汗的功效。

野生草本

324 短尾铁线莲（毛茛科铁 线莲属）
Clematis brevicaudata DC.

别　　名：林地铁线莲

校园分布 水木清华、生物学馆北侧、家属区。

专业描述：草质藤本。叶对生，2回3出复叶或1—2回羽状复叶，小叶卵形。圆锥花序顶生或腋生；萼片4，开展，白色，狭倒卵形；无花瓣；雄蕊和心皮均多数。瘦果卵形，密生短柔毛，羽毛状花柱宿存。花期7—8月，果期9—10月。

分　　布：全国广布，生山地灌丛或平原路边。

用　　途：茎藤入药，有利尿消肿的功效。

野生草本

325 茴茴蒜（毛茛科　毛茛属）

Ranunculus chinensis Bunge

校园分布 校河沿岸。

专业描述：多年生草本。茎和叶柄均有伸展的淡黄色硬毛。三出复叶，中央小叶具长柄，3深裂；茎上部叶渐变小。花序具疏花；萼片5，淡绿色；花瓣5，黄色，基部具蜜槽；雄蕊和心皮均多数。聚合果椭圆形。花果期5—8月。

分　　布：全国广布，生溪边或湿草地。

用　　途：全草有毒，可入药。

野生草本

326 蝙蝠葛（防己科　蝙蝠葛属）

Menispermum dauricum DC.

校园分布 校河南侧。

专业描述：缠绕藤本。茎木质化，长达数米。叶盾状三角形至七角形，基部心形。花单性异株；花序圆锥状，腋生；雄花黄绿色，萼片6；花瓣6—8；雄蕊12—18；雌花具退化雄蕊6—12，心皮3，分离。核果，扁球形，黑色。花期5—6月，果期7—8月。

分　　布：分布于东北、华北和华东，生路边灌丛和疏林。

用　　途：根和茎供药用，有祛风、利尿、解热、镇痛的功效。

野生草本

327 白屈菜（罂粟科　白屈菜属）

Chelidonium majus L.

别　　名：山黄连

校园分布 西湖游泳池东侧、绿园。

专业描述：多年生草本，具黄色汁液。茎直立，多分枝，具白色细长柔毛。叶互生，具长柄，羽状全裂，全裂片2—3对，不规则深裂。伞形花序多花；萼片2，早落；花瓣4，黄色，倒卵形；雄蕊多数。蒴果长角果状。花果期4—7月。

分　　布：全国广布，生山坡或山谷林边草地。

用　　途：栽培供观赏。全草供入药，含有毒的生物碱，有镇痛、止咳、消肿、解毒的功效。

328 地丁草（紫堇科　紫堇属）

Corydalis bungeana Turcz.

别　　名：紫堇

校园分布 主楼北侧。

专业描述：二年生灰绿色草本。茎自基部铺散分枝。基生叶和茎下部叶具长柄，叶片轮廓卵形，2—3回羽状全裂。总状花序；苞片叶状；萼片小，近三角形，早落；花瓣4，淡紫色，上面花瓣基部延伸成距。蒴果长圆形，扁平。花果期4—6月。

分　　布：分布于东北、华北、西北、华东，生平原、丘陵草地或疏林下。

用　　途：全草入药，有清热解毒的功效。

野生草本

紫堇（紫堇科　紫堇属）

Corydalis edulis Maxim.

校园分布 15号楼南侧。

专业描述：一年生草本。茎常自下部起分枝。基生叶和茎生叶同形；叶片轮廓三角形，2—3回羽状全裂。总状花序长3—10厘米；苞片卵形；萼片小；花瓣紫色，上面花瓣基部延伸成距。蒴果线形，下垂。花果期4—5月。

分　　布：分布于华北及长江中下游各省，生丘陵林下、沟边或多石处。

用　　途：全草入药，能清热解毒。有毒，不可生服。

小 知 识：据吴征镒考证："堇"自古通"芹"字，诗经"堇荼如饴"，说明古代食用的"芹"即紫堇，为古时蔬菜。后世渐以伞形科水芹"*Oenanthe*"替代。现在各地广为食用的芹菜"*Apium graveolens*"则系从西方传入，初称荷兰芹或洋芹菜。近来本种作为蔬菜栽培已绝迹，作为野菜用的也很少见。

野生草本

330 珠果黄堇（紫堇科　紫堇属）

Corydalis speciosa Maxim.

校园分布 绿园。

专业描述：多年生灰绿色草本。茎直立，下部分枝，有棱。叶互生，具柄，2—3回羽状全裂。总状花序，密集，顶生。萼片小，膜质；花瓣4，黄色，上花瓣基部延伸成距。蒴果，线形，种子间收缩成串珠状。花果期4—7月。

分　　布：分布于东北、华北、华东，生山地林下和沟边湿地。

用　　途：栽培供观赏。

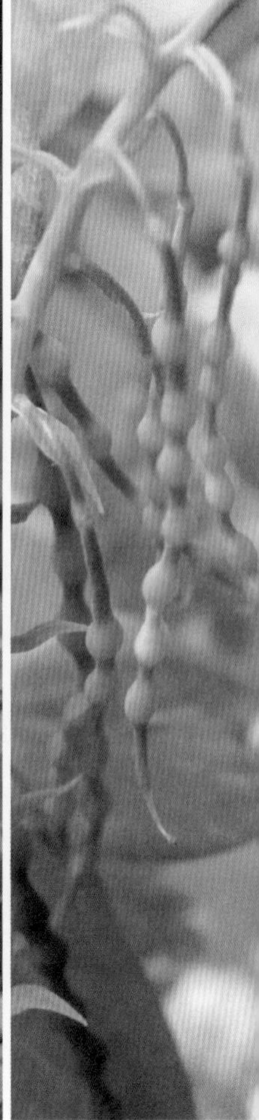

野生草本

331 葎草（大麻科　葎草属）

Humulus scandens (Lour.) Merr.

别　　名：拉拉秧

校园分布 广布，荷塘周边较多。

专业描述：一年生缠绕草本。茎枝和叶柄有倒刺。叶对生，掌状5—7深裂，边缘有粗锯齿。花单性，雌雄异株；雄花小，黄绿色，排列成圆锥花序；雌花排列成穗状花序。瘦果淡黄色，扁圆形。花期7—8月，果期9—10月。

分　　布：南北各省均有分布，生沟边和路旁荒地。

用　　途：茎皮纤维可做造纸原料。全草入药，有清热解毒、凉血的功效。种子可榨油。

332 水蛇麻（桑科　水蛇麻属）

Fatoua villosa (Thunb.) Nakai.

校园分布 丙所周边、主楼北侧。

专业描述：一年生草本。茎直立，基部木质化。单叶互生，三出脉。花单性，雌雄同株，雌花和雄花混生，排成腋生的复聚伞花序；雄花花被片4，雄蕊4；雌花花被片4—6，宿存。瘦果。花果期7—9月。

分　　布：南北各省均有分布，生路旁和荒地。

野生草本

333 垂序商陆（商陆科　商陆属）

Phytolacca americana L.

别　　名：美国商陆、美洲商陆、洋商陆

校园分布 家属区、图书馆南侧。

专业描述：多年生草本。根粗壮，肥大，圆锥形。茎直立，有时带紫红色。叶片卵形，全缘。总状花序下垂，顶生或侧生；花白色，微带紫红色；花被片5，雄蕊、心皮及花柱通常均为10，心皮合生。果序下垂；浆果扁球形，熟时紫黑色。花期7—8月，果期8—10月。

分　　布：原产北美洲，我国各省均有栽培。

用　　途：根、种子、叶均可入药。根有催吐作用，种子能利尿，叶有解热作用。

野生草本

334 藜（藜科　藜属）

Chenopodium album L.

别　　名：灰菜

校园分布 广布。

专业描述：一年生草本。茎直立，粗壮，具棱和绿色或紫红色的条纹，多分枝。叶片菱状卵形，下面生粉粒，灰绿色。花两性，花簇于枝上排成腋生或顶生的圆锥状花序；花被裂片5；雄蕊5；柱头2。胞果。花果期5—10月。

分　　布：全国广布，生田间、路边、荒地。

用　　途：幼苗可做蔬菜，茎叶可饲牲畜。全草入药，能止泻、止痒。

335 小藜（藜科　藜属）

Chenopodium ficifolium Smith

别　　名：市藜

校园分布 广布。

专业描述：一年生草本。茎直立，分枝，有条纹。叶长卵形，通常3浅裂，中裂片较长，两侧边缘近平行。花序穗状，腋生或顶生；花两性；花被5深裂，宽卵形；雄蕊5；柱头2，线形。胞果。花果期4—8月。

分　　布：全国广布，生荒地、河滩、沟谷潮湿地。

小藜

小藜

灰绿藜

336 灰绿藜（藜科　藜属）

Chenopodium glaucum L.

校园分布 广布。

专业描述：一年生草本。茎自基部分枝，平卧或上升，具条棱或紫红色条纹。叶长圆状卵形至披针形，边缘有波状齿，下面被灰白色粉粒，中脉明显，黄绿色。花序穗状或复穗状，顶生或腋生；花两性和雌性；花被片3—4，浅绿色。花果期6—10月。

分　　布：我国除华南、西南外均有分布，生田边、路旁和水边等地。

337 地肤（藜科　地肤属）

Kochia scoparia (L.) Schrad.

校园分布 广布。

专业描述：一年生草本。茎直立，多分枝。分枝斜上，淡绿色或浅红色，具纵棱。叶披针形，常具3条明显的主脉。花两性或雌性，通常1—3花簇生于叶腋。胞果扁球形，包于花被内。种子卵形，黑褐色。花期6—9月，果期7—10月。

分　　布：全国广布，生田边、路旁和荒地。

用　　途：嫩茎嫩叶可食。果实入药称“地肤子”，具有清湿热和利尿的功效。

小 知 识：本种具一园艺栽培变型扫帚菜f. *trichophylla* (Hort) Schinz & Thell. 主要特征是其分枝繁多而紧密，叶线形，植株外形呈卵形或倒卵形。栽培可做扫帚用，晚秋枝叶变红。可供观赏。

扫帚菜

野生草本

338 猪毛菜（藜科　猪毛菜属）

Salsola collina Pall.

校园分布 汽车研究所西侧。

专业描述：一年生草本。茎近直立，通常由基部分枝；枝淡绿色，具条纹。叶丝状圆柱形，肉质，先端有硬针刺，深绿色，有时带红色。花两性，多数，生茎顶，排列成细长穗状花序；花被5，膜质。胞果倒卵形，果皮膜质。花期7—9月，果期8—10月。

分　　布：分布于东北、华北、西北、西南等省，生村边、路旁、荒地和含盐碱的沙质土壤上。

用　　途：全草入药，有降低血压的作用。

野生草本

339 牛膝 (苋科 牛膝属)

Achyranthes bidentata Blume

校园分布 广布，绿园、校河沿岸等地。

专业描述：多年生草本。茎四棱，节部膨大，具对生分枝。叶对生，卵形。穗状花序腋生或顶生，花后总花梗伸长，花向下折而贴近总花梗；花被片5，绿色。胞果长圆形。花期7—9月，果期9—10月。

分 布：全国广布。

用 途：根入药，可活血引瘀，通利关节。

野生草本

340 反枝苋（苋科 苋属）

Amaranthus retroflexus L.

校园分布 广布。

专业描述：一年生草本。茎直立，稍具钝棱，密生短柔毛。叶卵形，两面和边缘有柔毛。花单性或杂性，集成顶生和腋生的圆锥花序；苞片和小苞片干膜质，钻形，花被片白色。胞果扁球形。花期7—8月，果期8—9月。

分　　布：分布于东北、华北和西北。

用　　途：嫩茎叶为野菜，也可作家畜饲料。

野生草本

341 凹头苋（苋科　苋属）

Amaranthus blitum L.

别　　名：野苋

校园分布 广布。

专业描述：一年生草本。茎平卧上升，从基部分枝。叶片卵形，顶端凹缺，具一芒尖，基部宽楔形，全缘或波状。花簇腋生，直至下部叶腋，生在茎端者成直立穗状花序或圆锥花序。胞果近扁圆形，略皱缩而近平滑。花期7—8月，果期8—9月。

分　　布：全国广布，生农田、荒地。

用　　途：嫩茎叶可作蔬菜。

小 知 识：本种和皱果苋*Amaranthus viridis* L. 近似，区别在于本种的茎平卧上升，花簇常为腋生，而皱果苋的茎直立，花簇非腋生。

野生草本

342 皱果苋（苋科　苋属）
Amaranthus viridis L.

别　　名：绿苋

校园分布 广布。

专业描述：一年生草本。茎直立。叶卵形，顶端微缺，具小芒尖，全缘或具微波状缘。花单性或杂性，成腋生穗状花序，或再集成大型顶生圆锥花序；苞片和小苞片干膜质，披针形，小；花被片3，膜质。胞果扁球形，不裂，表面极皱缩。花期6—8月，果期8—10月。

分　　布：分布于我国南北各地，为田野的杂草。

用　　途：嫩茎叶可作野菜或饲料。

野生草本

343 青葙（苋科　青葙属）

Celosia argentea L.

别　　名：野鸡冠花

校园分布 家属区。

专业描述：一年生草本。茎直立，有分枝。叶披针形。穗状花序长3—10厘米；花多数，密生，苞片、小苞片和花被片干膜质，光亮，粉红色；雄蕊花丝下部合生成杯状。胞果卵形；种子黑色，光亮。花期5—8月，果期6—10月。

分　　布：全国广布，野生或栽培。

用　　途：种子入药，有清热明目的功效。花序宿存，经久不凋，可供观赏。

344 马齿苋（马齿苋科　马齿苋属）

Portulaca oleracea L.

别　　名：马齿菜

校园分布 广布。

专业描述：一年生草本。植物体肉质。茎多分枝，平卧地面，绿色或暗红色。单叶互生，有时对生，倒卵形，全缘，肉质。花3—5朵，生枝顶端；萼片2；花瓣5，黄色；子房半下位，1室，柱头4—6裂。蒴果卵球形，盖裂。种子多数。花期5—8月，果期7—9月。

分　　布：全国广布，为常见杂草，生田间、路旁。

用　　途：全草入药，清热解毒，治菌痢，也可作野菜或饲料。

345 土人参（马齿苋科　土人参属）

Talinum paniculatum (Jacq) Gaertn.

别　　名：土高丽参

校园分布 家属区。

专业描述：一年生草本。茎直立。叶稍肉质，对生，倒卵形，全缘。圆锥花序顶生或侧生，多分枝；花淡紫色；萼片2；花瓣5，倒卵形；子房球形，柱头3深裂。蒴果近球形，3瓣裂。种子多数，黑色，光亮。花果期6—10月。

分　　布：原产热带美洲，我国南北各省均有栽培，或逸为野生。

用　　途：根入药，滋补强壮。

野生草本

346 鹅肠菜（石竹科　鹅肠菜属）

Myosoton aquaticum (L.) Moench

别　　名：牛繁缕

校园分布 广布。

专业描述：多年生草本。茎二叉分枝。叶对生，卵形，全缘。二歧聚伞花序顶生；萼片5，长卵形；花瓣5，白色，2深裂至基部，裂片长圆形；雄蕊10；花柱5。蒴果卵圆形。花期5—8月，果期6—9月。

分　　布：全国广布，生低山、水边、潮湿地。

用　　途：全草入药，驱风解毒。幼苗可作野菜和饲料。

鹅肠菜

繁缕

347 繁缕（石竹科　繁缕属）

Stellaria media (L.) Oill.

校园分布 主楼北侧。

专业描述：一年生草本。茎纤弱，多分枝。叶对生，卵形，全缘。花单生或成疏聚伞花序，萼片5，披针形；花瓣5，白色，比萼片短，2深裂近基部；雄蕊3—5；花柱3。蒴果卵形，较萼稍长，6瓣裂。花果期6—8月。

分　　布：全国广布，生田间、路旁或溪边草地。

用　　途：全草入药。植物有毒，家畜食后能引起中毒甚至死亡。

野生草本

348 萹蓄（蓼科　蓼属）

Polygonum aviculare L.

校园分布 广布。

专业描述：一年生草本。茎平卧或上升。叶椭圆形，全缘；托叶鞘膜质，下部褐色，上部白色透明，有不明显脉纹。花腋生，1—5朵簇生叶腋，遍布于全植株；花被5深裂，裂片椭圆形，绿色，边缘白色或淡红色。花期5—7月，果期8—10月。

分　　布：全国广布，为习见的野草，生田野、荒地和水边湿地。

用　　途：全草入药，有清热、利尿、解毒的功效。

野生草本

349 酸模叶蓼（蓼科　蓼属）

Polygonum lapathifolium L.

别　　名：斑蓼

校园分布 主楼北侧、理学院北侧。

专业描述：一年生草本。茎直立，节部膨大。叶披针形，常有黑褐色新月形斑点；托叶鞘筒状，膜质，无毛，先端截平。花序为数个花穗组成的圆锥状花序；花淡红色或白色，花被通常4深裂。瘦果扁卵形，具光泽，包于宿存花被内。花期6—7月，果期7—9月。

分　　布：全国广布；生路旁湿地和沟渠水边。

用　　途：全草入药，具有清热解毒的功能。

野生草本

350 长鬃蓼（蓼科　蓼属）

Polygonum longisetum Bruijn

校园分布 荷塘，主楼北侧等地。

专业描述：一年生草本。茎斜升或直立。叶披针形，托叶鞘筒状，膜质，具长缘毛。花序穗状，顶生或腋生；花稀疏，下部间断；苞片漏斗状，内生3—4花；花被5深裂，粉色或白色。瘦果3棱形，黑色，包于宿存的花被片内。花期7—8月，果期8—10月。

分　　布：全国广布，生山沟、水边、潮湿地等。

351 巴天酸模（蓼科　酸模属）
Rumex patientia L.

校园分布 广布。

专业描述：多年生草本。茎直立。基生叶大，长圆状披针形，全缘或边缘波状；茎上部叶窄而小，近无柄；托叶鞘筒状，膜质。花序为大型圆锥花序，顶生或腋生；花两性；花被片6，成2轮，果时内轮花被片增大，常1片具瘤状突起。花期5—8月，果期6—9月。

分　　布：分布华北、西北和东北，生水沟、路旁、潮湿地和荒地。

用　　途：根可入药，有清热解毒，活血散瘀的功效。

巴天酸模

齿果酸模

野生草本

352 齿果酸模（蓼科　酸模属）
Rumex dentatus L.

校园分布 紫荆公寓附近。

专业描述：齿果酸模与巴天酸模相似，区别在于齿果酸模内轮花被片具3—5对针刺。

分　　布：全国广布，生水边湿地。

353 苘麻（锦葵科　苘麻属）

Abutilon theophrasti Medik.

别　　名：青麻、白麻

校园分布 广布，荷塘岸边，气象台周边等地均有。

专业描述：一年生草本。叶互生，圆心形。花单生叶腋；无副萼；花萼杯状，5裂；花瓣5，黄色，倒卵形；心皮多数，轮生。蒴果半球形，分果瓣15—20，顶端有2长芒。花期7—8月，果期9—10月。

分　　布：全国广布，生路旁、荒地、田野。

用　　途：为重要的纤维植物之一，也可入药。

野生草本

354 野西瓜苗（锦葵科　木槿属）

Hibiscus trionum L.

校园分布 家属区。

专业描述：一年生草本。下部叶圆形，5浅裂，上部叶掌状3深裂。花单生叶腋；副萼多数，线形；萼5裂，膜质；花瓣5，淡黄色，基部紫色；花柱分枝5。蒴果球形，果瓣5。花果期6—10月。

分　　布：广布全国各地，生路旁、田埂、荒坡、旷野等处。

用　　途：全草入药，治烫伤、烧伤、急性关节炎等。

355 紫花地丁（堇菜科　堇菜属）

Viola philippica Cav.

别　　名：光瓣堇菜

校园分布 广布。

专业描述：多年生草本。无地上茎。叶多数，基生，莲座状；叶片长圆形，具圆齿；托叶基部与叶柄合生。萼片披针形，基部附属物短；花瓣5，紫堇色，下花瓣具距；距细管状，末端圆。蒴果长圆形，3裂。花果期4—9月。

分　　布：分布于东北、华北、西北等省，生路旁、山坡草地、荒地。

用　　途：全草入药，能清热解毒，凉血消肿。嫩叶可作野菜。

小 知 识：紫花地丁和早开堇菜为同科同属植物，均在早春开放，不留意区别，常会把它们当成一种花。一般来说，紫花地丁比早开堇菜开花晚约1周左右。早开堇菜叶片较宽，长圆卵形，下花瓣的距较粗；而紫花地丁叶片长圆形，下花瓣的距较细。

356 早开堇菜（堇菜科　堇菜属）

Viola prionantha Bunge

校园分布 广布。

专业描述：多年生草本。无地上茎。叶基生，叶片卵形，具疏齿；托叶基部与叶柄合生。萼片5，披针形，基部延长成附属物；花瓣5片，淡紫色，下花瓣具距。蒴果，长圆形。花果期3—8月。

分　　布：分布于东北、华北、西北，生草地、山坡。

用　　途：全草入药，有清热解毒，凉血消肿的功效。

野生草本

357 栝楼(葫芦科　栝楼属)

Trichosanthes kirilowii Maxim.

别　　名：瓜蒌

校园分布 家属区。

专业描述：多年生攀缘草本。卷须2—5分枝。叶轮廓近圆形，常3—7浅裂或中裂。花单性，雌雄异株；雄花数朵顶生于总花梗；花冠白色，5深裂，顶端流苏状；雄蕊5，花药靠合；雌花单生，子房下位。果实近球形，黄褐色，光滑。花期7—8月，果期9—10月。

分　　布：分布于我国北部至长江流域各地，各地常见栽培。

用　　途：根、果实、果皮、种子为传统中药天花粉、栝楼、栝楼皮、栝楼子，具有清热生津、解毒消肿的作用。

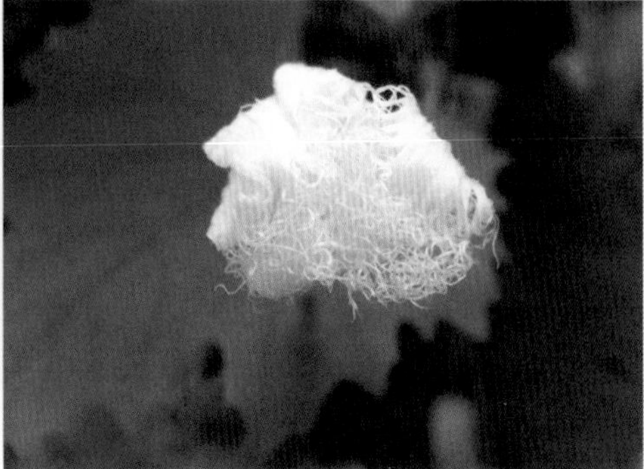

358 荠（十字花科　荠属）

Capsella bursa-pastoris (L.) Medic.

别　　名：荠菜

校园分布 广布。

专业描述：一、二年生草本。茎直立，有分枝。基生叶莲座状，大头羽状分裂，裂片常浅裂；茎生叶狭披针形，基部抱茎。总状花序顶生和腋生；花小，白色。短角果，倒三角形。花果期4—6月。

分　　布：全国广布，生田边、路旁。

用　　途：嫩茎叶作蔬菜吃。全草入药，有利尿、止血、清热明目、消积的功效。

359 碎米荠（十字花科　碎米荠属）

Cardamine hirsuta L.

校园分布 广布，人文社科图书馆南侧、主楼北侧等地。

专业描述：一年生草本。茎单一或分枝。奇数羽状复叶，小叶1—3对；茎生叶2—3对，狭倒卵形。总状花序，伞房状，果时伸长；花白色。长角果，线形。花果期4—6月。

分　　布：全国广布，生草坡、路旁或潮湿处。

用　　途：全草作野菜食用，也可入药，能清热去湿。

360 播娘蒿（十字花科　播娘蒿属）

Descurainia sophia (L.) Webb. ex Prantl

校园分布 广布，大礼堂周边、汽车研究所西侧、主楼等地。

专业描述：一年生草本。茎直立，多分枝。叶轮廓狭卵形，2—3回羽状全裂，末回裂片线形。花淡黄色；萼片4，直立，早落；花瓣4，淡黄色。长角果，线形。花果期5—7月。

分　　布：分布于东北、华北、西北、华东，生山坡、田野。

用　　途：种子油工业用或食用，种子入药，有利尿消肿、祛痰定喘的功效。

361 小花糖芥（十字花科　糖芥属）

Erysimum cheiranthoides L.

校园分布 主楼北侧。

专业描述：一年生草本。茎直立，不分枝或分枝，具贴服二叉状毛。叶披针形，全缘或深波状。总状花序顶生；花小，淡黄色；花瓣4；雄蕊6，近等长。长角果，线形，四棱状。花果期4—6月。

分　　布：除华南外，各地均有，生路旁、荒地。

用　　途：种子可榨取工业用油。

野生草本

362 独行菜（十字花科　独行菜属）

Lepidium apetalum Willd.

别　　名：葶苈子

校园分布 广布。

专业描述：一、二年生草本。茎直立，分枝。基生叶狭匙形，羽状浅裂或深裂；上部叶条形，有疏齿或全缘。总状花序顶生，果时伸长，疏松；花极小；萼片早落；花瓣丝状，退化；雄蕊2—4。短角果近圆形，扁平。花果期4—6月。

分　　布：分布于东北、华北、西北、西南，生路旁、沟边。

用　　途：种子入药称葶苈子，有利尿、止咳化痰的功效。种子可榨油。

野生草本

363 诸葛菜（十字花科　诸葛菜属）

Orychophragmus violaceus (L.) O. E. Schulz

别　　名：二月蓝

校园分布 广布。

专业描述：一、二年生草本。茎单一，直立。叶形变化大。基生叶和下部叶大头羽状分裂，顶生裂片近圆形，侧生裂片2—6对，卵形；上部叶片卵形，抱茎。总状花序顶生；花紫色；花萼筒状，紫色；花瓣4，具爪。长角果，线形。花果期4—6月。

分　　布：分布于东北、华北、西北和华东，生平原、山地或路旁。

用　　途：嫩茎叶可作野菜食用。

小 知 识：传说诸葛亮率军出征时曾采嫩梢为菜，故得名。

364 风花菜（十字花科　蔊菜属）

Rorippa globosa (Turcz.) Vassilcz.

别　　名：球果蔊菜

校园分布 广布。

专业描述：一年生草本。茎直立，分枝，基部木质化。叶长圆形，基部抱茎，两侧短耳状，边缘呈不整齐齿裂。总状花序顶生；花小，黄色。短角果，球形，顶端有短喙。花果期6—9月。

分　　布：全国广布，生路旁或河岸、湿地。

野生草本

365 蔊菜（十字花科 蔊菜属）

Rorippa indica (L.) Hiern

别　　名：印度蔊菜

校园分布 广布。

专业描述：一年生草本。茎直立，有分枝。基生叶和下部叶有柄，大头羽状分裂；侧生裂片2—5对，向下渐缩小，全缘；上部叶长圆形。总状花序，顶生；花小，黄色。长角果，线形，稍弯曲。花果期5—7月。

分　　布：我国南北各省均有分布，生路旁、荒地。

用　　途：全草药用，有清热解毒、解表健胃、止咳化痰的功效。

沼生蔊菜（十字花科　蔊菜属）

Rorippa islandica (Oeder) Borbás

校园分布 广布。

专业描述：二年生或多年生草本。茎斜上，有分枝。基生叶和下部茎生叶羽状分裂，侧裂片3—7对；茎上部叶渐小，叶片羽状分裂或具齿。总状花序，顶生或腋生。花小，黄色。短角果，椭圆形。花果期5—7月。

分　　布：南北各省均有分布，生湿地、路边。

367 点地梅（报春花科　点地梅属）

Androsace umbellata (Lour.) Merr.

校园分布 广布，生命科学馆南侧、医学院周边、理学院周边等地。

专业描述：一、二年生草本。叶基生，叶片近圆形，边缘具齿。花葶通常数枚自基部抽出。伞形花序4—15花；花萼杯状，5深裂，裂片卵形，果期增大；花冠白色，喉部黄色，5裂。蒴果，扁球形。花果期4—5月。

分　　布：全国广布，生林缘、草地。

用　　途：全草入药，有清凉解毒，消肿止痛的功效。

野生草本

蛇莓（蔷薇科　蛇莓属）

Duchesnea indica (Andr.) Focke

校园分布 广布，图书馆周边、生物学馆南侧等地。

专业描述：多年生草本。具长匍匐茎。三出复叶，小叶菱状卵形，边缘具钝锯齿。花单生于叶腋；副萼片5，先端3裂；萼片5，卵状披针形，比副萼小；花瓣5，黄色，长圆形。花托膨大呈球形，红色，着生多数瘦果。花果期4—10月。

分　　布：分布于辽宁以南各省区，生山坡、草甸和潮湿地。

用　　途：全草入药，有活血散结、收敛止血、清热解毒的功效。

野生草本

369 委陵菜（蔷薇科　委陵菜属）

Potentilla chinensis Ser.

校园分布 观畴园东侧。

专业描述：多年生草本。羽状复叶；基生叶丛生，小叶15—31；小叶长圆形，羽状深裂，裂片三角状披针形，下面密生白色绵毛；茎生叶与基生叶相似，但较小。聚伞花序顶生，多花；花直径约1厘米；副萼5；萼片5；花瓣5，黄色。瘦果。花期5—9月，果期6—10月。

分　　布：南北各省均有分布，生荒地，路边。

用　　途：全草入药，有清热解毒的功效。

野生草本

370 绢毛匍匐委陵菜 (蔷薇科　委陵菜属)

Potentilla reptans L. var. *sericophylla* Franch.

校园分布 汽车研究所西侧。

专业描述：多年生草本。茎细弱，具匍枝，节上生不定根。掌状三出复叶，稀为5，小叶椭圆形，边缘具深齿，边缘两个小叶浅裂至深裂。花单生叶腋，直径1.5—2.2厘米；副萼5；萼片5，与副萼等长；花瓣5，黄色。瘦果。花期4—8月，果期9月。

分　　布：分布于华北、西北、西南、华东各省，生山坡和湿地。

绢毛匍匐委陵菜

等齿委陵菜

371 等齿委陵菜 (蔷薇科　委陵菜属)

Potentilla simulatrix Wolf.

校园分布 绿园、西湖游泳池东侧等地。

专业描述：多年生草本。茎细弱，具匍枝。掌状三出复叶，小叶椭圆形，边缘具锯齿。花单生叶腋，直径1—1.2厘米；副萼5；萼片5，与副萼等长；花瓣5，黄色。瘦果。花期4—8月，果期9月。

分　　布：分布于西北、华北、西南，生山坡、道旁和阴湿地。

372 朝天委陵菜（蔷薇科　委陵菜属）

Potentilla supina L.

校园分布 广布。

专业描述：一、二年生草本。茎平铺或倾斜伸展，分枝多。基生叶羽状复叶，小叶7—13，倒卵形；茎生叶与基生叶相似，小叶常为3。花单生于叶腋，直径6—8毫米；副萼片披针形；萼片卵形，与副萼近等长；花瓣5，黄色。花果期5—9月。

分　　布：全国广布，生田边、荒地、草甸，山坡湿地等。

野生草本

373 决明（云实科　番泻决明属）

Senna tora (L.) Roxb.

别　　名：草决明

校园分布 邮局东侧、紫荆公寓附近等地。

专业描述：一年生亚灌木状草本。偶数羽状复叶，小叶6，倒卵形。花通常2朵生于叶腋；萼片5，卵形；花瓣黄色，倒卵形，最下面的两个花瓣稍长；雄蕊10，上面3枚不育。荚果，细圆柱形。种子多数，近菱形，淡褐色，有光泽。花果期7—9月。

分　　布：分布于长江以南各省区，北京有栽培。

用　　途：种子称决明子，有清肝明目、利水通便等功效。

野生草本

374 达乌里黄耆（蝶形花科　黄耆属）
Astragalus dahuricus (Pall.) DC.

校园分布 广布，新清华学堂南侧。

专业描述：一、二年生草本。全株有白柔毛。奇数羽状复叶，小叶11—21，长圆形。总状花序，腋生，花多而密；花萼钟状，萼齿5，不等长；蝶形花冠，紫红色。荚果，圆柱形，成镰刀状弯曲。花期6—8月，果期7—9月。

分　　布：分布于东北、华北、西北各省，生山坡、草地。

用　　途：常作牧草。

达乌里黄耆

斜茎黄耆

375 斜茎黄耆（蝶形花科　黄耆属）
Astragalus laxmannii Jacq.

别　　名：直立黄耆，沙打旺

校园分布 北门附近。

专业描述：多年生草本。奇数羽状复叶，小叶7—23，椭圆形，下面有白色丁字毛。总状花序腋生；花萼筒状钟形，萼齿5，披针形；花冠蝶形，紫红色。荚果，圆柱形，长约1.5厘米。花期6—8月，果期7—9月。

分　　布：分布于东北、华北、西北各省，生山坡草地、灌丛。

用　　途：优良牧草。

376 糙叶黄耆（蝶形花科　黄耆属）

Astragalus scaberrimus Bunge

校园分布 广布，理学院周边、新清华学堂南侧。

专业描述：多年生草本。茎匍匐或地上茎不明显。全株密生白色丁字毛。奇数羽状复叶，小叶7—15，椭圆形。总状花序，腋生，具3—5花；萼深钟状，萼齿5，披针形；花冠蝶形，黄色。荚果，圆柱形。花期4—5月，果期5—6月。

分　　布：分布于东北、华北、西北，生山坡、灌丛。

用　　途：常作牧草。

野生草本

377 蟧豆（蝶形花科 大豆属）

Glycine soja Siebold & Zucc.

别　　名：野大豆。

校园分布 广布，荷塘、医学院东侧等地。

专业描述：一年生草本。茎纤细，缠绕。三出羽状复叶，小叶卵状披针形，全缘。总状花序，腋生；花小，淡紫色；萼钟状，萼齿三角形；花冠蝶形，长约4毫米。荚果长圆形，密生黄色硬毛，种子多为3粒。花果期6—8月，果期7—9月。

分　　布：广泛分布我国南北各省。

用　　途：可做饲料、绿肥和水土保持植物。

小 知 识：本种为大豆的野生类群。

野生草本

378 狭叶米口袋（蝶形花科　米口袋属）

Gueldenstaedtia stenophylla Bunge

校园分布 广布。

专业描述：多年生草本。根圆锥状。茎缩短，全株密被白色柔毛。奇数羽状复叶，小叶7—19，早春长卵圆形，夏秋线形。伞形花序，有花2—3朵；花萼钟状，萼齿5；花冠粉红色，蝶形，长6—8毫米。荚果，圆柱形。花期4—5月，果期5—6月。

分　　布：分布于华北、东北、华中，生草地、路旁。

用　　途：全草入药，有清热解毒的功效。

379 米口袋（蝶形花科　米口袋属）

Gueldenstaedtia verna (Georgi.) Boriss. subsp. *multiflora* (Bunge) Tsui

校园分布 广布，理学院周边、紫荆公寓附近等地。

专业描述：多年生草本。根圆锥状。茎短缩，全株有白色柔毛；奇数羽状复叶，小叶9—21，椭圆形，全缘。伞形花序，有4—6花；花萼钟状，萼齿5；花冠紫色，蝶形，长12—14毫米。荚果，圆柱形。花期4—5月，果期5—6月。

分　　布：分布于东北、华北、西北、华东，生山坡路旁。

用　　途：同狭叶米口袋。

380 长萼鸡眼草（蝶形花科　鸡眼草属）

Kummerowia stipulacea (Maxim.) Makino

校园分布 广布，主楼北侧等地。

专业描述：一年生草本。茎匍匐，多分枝。三出掌状复叶，全缘，小叶倒卵形，侧脉平行；托叶卵形，宿存。花1—3朵簇生叶腋；萼钟状，萼齿5，卵形；花冠蝶形，紫红色，长5—6毫米。荚果，卵形，萼片宿存。花期7—8月，果期8—9月。

分　　布：分布于东北、华北、西北、华东、华中各省，生田边、荒地。

用　　途：全草入药，有清热解毒、健脾利湿等功效。

野生草本

381 天蓝苜蓿（蝶形花科　苜蓿属）
Medicago lupulina L.

校园分布 广布，理学院周边、荷塘周边。

专业描述：一年生草本。叶具3小叶，小叶宽倒卵形，上部具锯齿。花10—20朵密集成头状花序；花萼钟状，萼齿5；蝶形花冠，黄色，稍长于花萼。荚果，肾形，成熟时黑色，有纵纹。种子1粒。花果期5—9月。

分　　布：广布南北各省。

天蓝苜蓿

紫苜蓿

382 紫苜蓿（蝶形花科　苜蓿属）
Medicago sativa L.

校园分布 广布，汽车研究所西侧。

专业描述：多年生草本。多分枝。叶具3小叶，小叶倒卵形，上部边缘有锯齿。密集总状花序，腋生；萼钟形，萼齿5，披针形；蝶形花冠，紫色，长于花萼。荚果螺旋形。花期5—8月，果期8—9月。

分　　布：我国各地有栽培。

用　　途：优良牧草。

383 草木犀(蝶形花科　草木犀属)

Melilotus officinalis (L.) Lam.

别　　名：黄香草木犀

校园分布 广布。

专业描述：二年生草本。羽状复叶，小叶3，椭圆形，边缘具锯齿。总状花序，腋生；萼钟状，萼齿三角形；花冠黄色，旗瓣与翼瓣近等长。荚果卵圆形，有种子1粒。花期6—8月，果期8—9月。

分　　布：南北各省均有分布。

用　　途：常见牧草。

草木犀

白花草木犀

384 白花草木犀(蝶形花科　草木犀属)

Melilotus albus Desr.

别　　名：白香草木犀

校园分布 广布，汽车研究所西侧。

专业描述：白花草木犀与草木犀相似，区别在于白花草木犀花冠白色。

分　　布：分布于东北、华北、西北、西南各地。

用　　途：常见牧草。

385 大花野豌豆（蝶形花科　野豌豆属）
Vicia bungei Ohwi.

别　　名：三齿萼野豌豆

校园分布 广布。

专业描述：一年生草本。茎细弱，多分枝。偶数羽状复叶，有卷须；小叶4—10，长圆形，全缘。总状花序腋生，花2—4朵；萼钟状，萼齿5；花冠蝶形，紫红色，长2—2.5厘米。荚果，长圆形，稍扁。花期5—6月，果期6—9月。

分　　布：分布于南北各省，生田边、路旁。

386 铁苋菜（大戟科　铁苋菜属）

Acalypha australis L.

别　　名：海蚌含珠

校园分布 广布。

专业描述：一年生草本。叶互生，薄纸质，椭圆形。花单性，雌雄同株，无花瓣；穗状花序腋生；雌花生于花序基部，通常3花生于叶状苞片内，苞片开展时肾形，合时如蚌；雄花多数生于花序上部，带紫红色。蒴果，近球形。花果期7—10月。

分　　布：全国广布。

用　　途：全草入药，有清热解毒、利水消肿的功效。

野生草本

387 乳浆大戟（大戟科　大戟属）

Euphorbia esula L.

别　　名：猫眼草

校园分布 科学馆西侧。

专业描述：多年生草本，有白色乳汁。叶互生，披针形。总花序多歧聚伞状，顶生，通常5伞梗呈伞状，每伞梗再2—3回分叉；苞片对生，宽心形；杯状花序；总苞顶端4裂。蒴果，卵球形。花期5—6月，果期6—7月。

分　　布：南北各省广泛分布，生山坡草地或砂质地。

388 地锦草（大戟科　大戟属）

Euphorbia humifusa Willd.

校园分布 广布。

专业描述：一年生草本。茎纤细，匍匐。叶通常对生，长圆形，边缘有细锯齿，绿色。杯状花序单生于叶腋；总苞浅红色，顶端4裂；雄花数朵；雌花1朵；子房3室；花柱3，2裂。蒴果球形。花期6—9月，果期7—10月。

分　　布：南北各省广泛分布，生原野荒地、路旁田间，为习见杂草。

用　　途：全草入药，有清热解毒、止血的功效。

地锦草

斑地锦

389 斑地锦（大戟科　大戟属）

Euphorbia maculata L.

校园分布 广布。

专业描述：斑地锦与地锦草相似，区别在于斑地锦叶面中部常具有一个长圆形的紫色斑点。

分　　布：原产北美，南北各省广泛分布。

390 黄珠子草（大戟科　叶下珠属）

Phyllanthus virgatus G.Forst.

校园分布 工字厅南侧、观畴园东侧。

专业描述：一年生草本。茎直立，常基部分枝。叶片纸质，椭圆形至长圆形，全缘，叶柄极短或无。花雌雄同株，单生或数朵簇生于叶腋，无花瓣；雄花萼片6，雄蕊3；雌花萼片6，花柱3，2裂。蒴果扁球状，平滑。花期4—7月，果期7—10月。

分　　布：南北各省均有分布，生山坡或路旁草地。

野生草本

391 乌蔹莓（葡萄科　乌蔹莓属）

Cayratia japonica (Thunb.) Gagnep.

校园分布 广布，绿园、图书馆周边等。

专业描述：草质藤本。茎具卷须。鸟足状复叶；小叶5，椭圆形，边缘有疏锯齿。聚伞花序腋生；花小，黄绿色；花盘肉质，红色，浅杯状。浆果卵形，黑色。花期6—7月，果期7—8月。

分　　布：分布于南部各省，生山坡路边草丛或灌丛中。

用　　途：全草入药，有凉血解毒、利尿消肿的功效。

野生草本

392 蒺藜（蒺藜科　蒺藜属）

Tribulus terrestris L.

校园分布 广布，紫荆公寓附近等地。

专业描述：一年生草本。茎由基部分枝，平卧。偶数羽状复叶，小叶10—16，长圆形，全缘。花小，黄色，单生叶腋；萼片5，宿存；花瓣5；雄蕊10，生花盘基部；子房5棱，花柱单一，柱头5裂。分果，由5个分果瓣组成，扁球形，果瓣具刺。花果期5—9月。

分　　布：全国广布，生荒野、田间。

用　　途：果实入药，有散风、平肝、明目的功效。种子可榨油，茎皮纤维可造纸。

393 酢浆草（酢浆草科　酢浆草属）

Oxalis corniculata L.

校园分布 广布。

专业描述：多年生草本。茎柔弱，常平卧。三出复叶，互生；小叶无柄，倒心形；叶柄细长。伞形花序，腋生；花黄色；萼片5，长圆形；花瓣5，倒卵形；雄蕊10，2轮；子房长圆柱形，花柱5。蒴果，圆柱形，有5棱。花果期5—10月。

分　　布：分布于南北各省，生山坡荒地、路边等地。

用　　途：全草入药，有清热解毒、散瘀止痛的功效。

小 知 识：酢浆草属植物常含草酸（oxalic acid），酢浆草属属名*Oxalis*亦来源于此。

野生草本

394 红花酢浆草(酢浆草科　酢浆草属)
Oxalis corymbosa DC.

别　　名：铜钱草、铜锤草

校园分布 生物学馆南侧、家属区。

专业描述：多年生草本。茎极短或无，具鳞茎。掌状三出复叶，均基生；小叶宽倒卵形，先端心形。伞房花序，有5—10花；花淡紫红色；萼片5；花瓣5；雄蕊10，5长5短，基部结合。子房长圆柱形，花柱5，分离。蒴果圆柱形。花果期5—10月。

分　　布：原产美洲热带地区，我国南北各地均有栽培。

用　　途：栽培供观赏。全草入药，有清热、消肿的功效。

395 牻牛儿苗（牻牛儿苗科　牻牛儿苗属）

Erodium stephanianum Willd.

别　　名：太阳花

校园分布 紫荆公寓附近。

专业描述：一、二年生草本。茎多分枝，有柔毛。叶对生，长卵形，二回羽状深裂；羽片2—7对，基部下延，小羽片线形。伞形花序腋生，有2—5花；萼片长圆形，先端有芒尖；花瓣5，紫蓝色；雄蕊10，2轮。蒴果，先端具长喙。花期4—5月，果期6—8月。

分　　布：全国广布，生山坡草地、田埂、路边。

用　　途：全草入药，有祛风除湿、清热解毒的功效。

野生草本

396 鼠掌老鹳草（牻牛儿苗科　老鹳草属）

Geranium sibiricum L.

别　　名：老鹳草

校园分布 广布，生物学馆北侧、绿园等地。

专业描述：多年生草本。茎细长，倒伏，上部斜向上，多分枝。叶对生，宽肾状五角形，基部宽心形，掌状5深裂。花单生于腋生；萼片5，长卵形；花冠淡紫红色，直径1厘米；雄蕊10。蒴果，具喙。花果期6—9月。

分　　布：全国广布，生林缘、山谷草地和路边。

小 知 识：老鹳草属的属名*Geranium*源自希腊词“geranos”，用以形容本属植物鸟嘴状的果实。

野生草本

397 蛇床（伞形科　蛇床属）

Cnidium monnieri (L.) Cuss.

校园分布 理学院周边、汽车研究所西侧。

专业描述：一年生草本。茎直立或斜上，多分枝，中空。基生叶轮廓卵形，2—3回羽状全裂，末回裂片线形。复伞形花序直径2—4厘米；总苞片6—10，线形；伞辐8—20，不等长；小总苞片多数；小伞形花序具花15—20；花小，白色。花期6—7月，果期7—8月。

分　　布：全国各地均有分布，生田边、路旁、草地。

用　　途：果实入药，称蛇床子。

野生草本

398 小窃衣（伞形科　窃衣属）

Torilis japonica (Houtt.) DC.

校园分布 汽车研究所西侧。

专业描述：一年生草本。茎直立，贴生短硬毛。叶片卵形，2—3回羽状分裂，小叶披针形至狭卵形。复伞形花序；总苞片4—10，条形；伞幅4—10，近等长；小总苞片数个，钻形；花小，白色。双悬果卵形，密生具钩皮刺。花期5—7月，果期8—9月。

分　　布：全国广布，生山坡、路旁、荒地。

399 罗布麻（夹竹桃科　罗布麻属）

Apocynum venetum L.

校园分布 第四教室楼周边。

专业描述：亚灌木。具乳汁。茎直立，多分枝，紫红色。叶对生，椭圆状披针形。聚伞花序顶生；萼5深裂；花冠钟状，粉红色；雄蕊5，生于花冠筒基部；心皮2，离生。蓇葖果双生，下垂，长角状。花期6—7月，果期7—8月。

分　　布：分布于西北、华北、华东、东北各省区，生盐碱荒地、沙漠边缘、河滩等地。

用　　途：茎皮纤维供纺织等用。叶入药，可清凉去火，降压强心。

野生草本

鹅绒藤（萝藦科　鹅绒藤属）

Cynanchum chinense R. Br.

别　　名：白前

校园分布 广布，蒙民伟楼周边等地。

专业描述：多年生草本。茎缠绕。叶对生，宽三角状心形，基部心形。伞形聚伞花序腋生；花萼5裂，外被柔毛；花冠白色，裂片披针形；副花冠二形，杯状，上面裂成10条丝状体，分为两轮。蓇葖果，双生或仅有一个发育。花果期6—10月。

分　　布：南北各省均有分布，生山坡、河岸、路旁。

用　　途：全株入药，可作驱风剂。

401 地梢瓜（萝藦科　鹅绒藤属）

Cynanchum thesioides (Freyn) K. Schum.

校园分布 广布，校河沿岸、生物学馆南侧等地。

专业描述：多年生草本。有乳汁。茎细弱，自基部多分枝。叶对生，条形，下面中脉凸起。伞形聚伞花序腋生；花萼5深裂，被柔毛；花冠绿白色，裂片5；副花冠杯状，裂片三角状披针形。蓇葖果，纺锤形。花果期6—10月。

分　　布：广布南北各省。

用　　途：全草入药，有清热降火，生津止渴的功效。

野生草本

402 萝藦（萝藦科　萝藦属）

Metaplexis japonica (Thunb.) Makino

校园分布 广布。

专业描述：多年生草质藤本。具乳汁。叶对生，卵状心形。总状式聚伞花序腋生；花冠白色或粉色，内面被柔毛；副花冠环状5短裂，生于合蕊冠上。蓇葖果双生，纺锤形，表面有瘤状突起。花期6—8月，果期7—9月。

分　　布：全国广布，生荒地、山脚、河边、灌丛中。

用　　途：全草及果实入药。

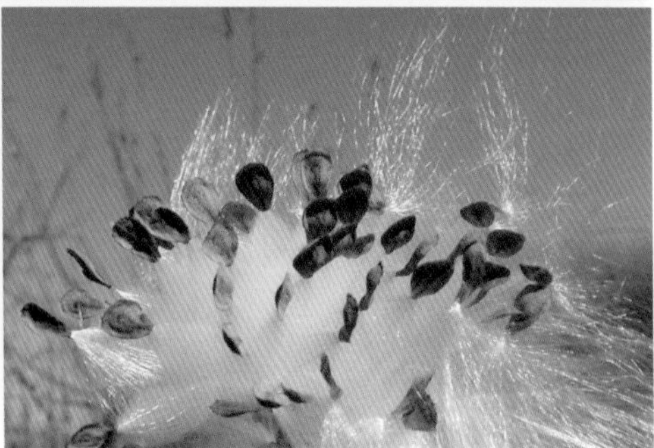

403 曼陀罗（茄科　曼陀罗属）

Datura stramonium L.

校园分布 主楼北侧。

专业描述：一年生草本。叶宽卵形，叶缘不规则波状浅裂。花单生于枝分叉处或叶腋；花萼筒状，有5棱角，裂片三角形，花后自基部断裂，宿存部分随果实增大并向外反折；花冠漏斗状，下部淡绿色，上部白色或紫色，5浅裂。蒴果直立，卵状，表面生有坚硬的针刺，成熟后4瓣裂。花果期6—11月。

分　　布：全国广布。

用　　途：全株有毒，叶、花、种子入药，有镇痉、镇静、镇痛的功效。

野生草本

404 龙葵（茄科　茄属）

Solanum nigrum L.

校园分布 广布。

专业描述：一年生草本。茎直立，多分枝。叶卵形，全缘或有不规则的波状粗齿。花序短蝎尾状，腋外生，有4—10花；花萼杯状；花冠白色，辐状；雄蕊5；子房卵形。浆果球形，熟时黑色。花果期7—10月。

分　　布：我国各地均有分布。

用　　途：全草入药，有散瘀消肿，清热解毒的功效。

405 挂金灯（茄科　酸浆属）

Physalis alkekengi L. var. *francheti* (Mast.) Makino

别　　名：酸浆、红姑娘、锦灯笼

校园分布 校河沿岸。

专业描述：多年生草本。茎直立，节部稍膨大。叶卵形，全缘或者有粗牙齿，基部楔形，偏斜。花单生于叶腋；花萼钟状，5裂；花冠辐状，白色。浆果，球形，熟时橙红色，有膨大宿存的萼片包围。花果期6—10月。

分　　布：全国广布，生山坡道旁、潮湿地等。

用　　途：果可食。带宿存花萼的浆果可入药，有利尿、止痛的功效。

406 小酸浆（茄科　酸浆属）

Physalis minima L.

校园分布 丙所周边、家属区、主楼北侧。

专业描述：一年生草本。叶片卵形，全缘而呈波状或有少数粗齿。花单生于叶腋，花萼钟状，5裂；花冠钟状，淡黄色，5浅裂；雄蕊5。浆果，球形，被膨大的花萼所包围。花果期5—11月。

分　　布：分布于北京、河北、山东、广西、四川等省。

用　　途：果实入药。

407 打碗花（旋花科　打碗花属）

Calystegia hederacea Wall.

校园分布 广布。

专业描述：一年生缠绕或平卧草本。叶互生，具长柄，基部的叶全缘，近椭圆形；茎上部叶三角状戟形，侧裂片开展，通常二裂。花单生叶腋；苞片2，卵圆形，包住花萼，宿存；萼片5；花冠漏斗状，粉红色；雄蕊5。蒴果，卵圆形。花期4—9月，果期8—10月。

分　　布：广布于全国各地，生田野、路旁及草丛中。

用　　途：全草入药，有调经活血，滋阴补虚的功效。

野生草本

408 藤长苗（旋花科　打碗花属）
Calystegia pellita (Ledeb.) G. Don.

校园分布 广布。

专业描述：多年生草本。茎缠绕，密被短柔毛。叶互生，长圆形，两面被毛，全缘，基部截形或近圆形。花单生叶腋，具花梗，苞片2，卵圆形，包住花萼；萼片5；花冠漏斗状，粉红色，5浅裂；雄蕊5。蒴果球形。花期6—8月，果期8—9月。

分　　布：分布于东北、华北、华东、华中，常见于耕地或荒地。

野生草本

旋花（旋花科　打碗花属）

Calystegia sepium (L.) R. Br.

别　　名：篱打碗花、宽叶打碗花

校园分布 广布。

专业描述：多年生草本。茎缠绕或匍匐。叶互生，正三角状卵形，基部箭形或戟形，二侧具浅裂片或全缘。花单生叶腋；苞片2，卵状心形；萼片5；花冠漏斗状，粉红色，5浅裂；雄蕊5。蒴果球形，为增大宿存苞片萼片包被。花期6—8月，果期7—9月。

分　　布：广布全国各地，生荒地或路旁。

用　　途：根可入药。

小 知 识：本种与打碗花相似，区别在于本种花和萼片较大，宿存苞片和萼增大包藏果实。

野生草本

410 田旋花（旋花科　旋花属）

Convolvulus arvensis L.

校园分布 广布。

专业描述：多年生草本。茎蔓性或缠绕。叶互生，戟形，全缘或三裂。花常单生叶腋；苞片2，线形，与萼远离；萼片5，卵圆形；花冠漏斗状，粉红色，顶端5浅裂；雄蕊5；子房2室，柱头2裂。蒴果，球形。花期6—8月，果期7—9月。

分　　布：我国南北各省均有分布，为常见杂草。

用　　途：全草入药，有调经活血，滋阴补虚的功效。

野生草本

411 牵牛（旋花科　番薯属）

Ipomoea nil (L.) Roth

校园分布 广泛栽培或野生。

专业描述：一年生草本。茎缠绕。叶互生，卵状心形，常3裂。花腋生，单生或数朵组成聚伞花序；萼片5，披针形；花冠漏斗状，白色、蓝紫色或紫红色；雄蕊5；子房3室。蒴果，近球形。花果期6—10月。

分　　布：原产热带美洲，我国广泛分布，生山坡、河谷、路边等地。

用　　途：栽培供观赏。种子入药，名为黑丑、白丑、二丑（黑、白种子混合）。

野生草本

412 圆叶牵牛 (旋花科　番薯属)

Ipomoea purpurea (L.) Roth

校园分布 广泛栽培或野生。

专业描述：一年生草本。茎缠绕。叶圆心形，全缘。花腋生，单生或数朵组成伞形聚伞花序；萼片5，披针形；花冠漏斗状，紫色、淡红色或白色；雄蕊5，不等长；子房3室，每室2胚珠。蒴果，近球形。花果期6—10月。

分　　布：原产美洲，我国各地皆有种植，生田边、路旁、宅边等地。

用　　途：栽培供观赏。种子入药，有祛痰、杀虫、泻下、利尿的功效。

野生草本

菟丝子（菟丝子科　菟丝子属）

Cuscuta chinensis Lam.

校园分布 校河沿岸。

专业描述：一年生寄生草本。茎细，缠绕，无叶。花多数，簇生；花萼杯状，5裂；花冠白色，钟状，顶端5裂，裂片向外反曲；雄蕊5；子房2室，花柱2。蒴果近球形，成熟时被花冠全部包围。花果期7—9月。

分　　布：我国南北各省均有分布，生山坡阳处、路边草丛。

用　　途：种子入药，有补肝肾、益精壮阳和止泻的功能。

414 斑种草（紫草科　斑种草属）

Bothriospermum chinense Bunge

校园分布 广布。

专业描述：一年生草本。植株密被刚毛。叶长圆形，两面有短糙毛。聚伞花序，多花；花萼裂片5，狭披针形；花冠淡蓝色，喉部有5个附属物；雄蕊5，内藏；子房4裂，花柱内藏。小坚果4。花果期4—8月。

分　　布：分布于西北、华北，生草坡或平原草地。

415 附地菜（紫草科　附地菜属）

Trigonotis peduncularis (Trev.) Benth.

校园分布 广布。

专业描述：一年生草本。常基部分枝。叶片椭圆形，被糙伏毛。总状花序；花萼5深裂，裂片披针形；花冠蓝色，喉部黄色，5裂，喉部附属物5；雄蕊5，内藏；子房4裂。小坚果4。花果期4—8月。

分　　布：全国广布，生田野、路旁、荒地。

用　　途：全草入药，有清热、消炎和止痛的功效。

野生草本

416 风轮菜（唇形科　风轮菜属）

Clinopofium chinensis (Benth.) Kuntze

校园分布 绿园。

专业描述：多年生草本。茎直立，四棱形。叶卵圆形，边缘具整齐的圆齿状锯齿。轮伞花序多花密集，苞片针状；花萼狭管状，紫红色；花冠紫红色，二唇形，上唇直升，下唇3裂。小坚果。花期7—8月，果期8—10月。

分　　布：南北各省均有分布。

用　　途：全草入药。

417 活血丹（唇形科　活血丹属）

Glechoma longituba (Nakai) Kupr.

别　　名：连钱草

校园分布 主楼北侧、大礼堂西侧。

专业描述：多年生草本，具匍匐茎。茎四棱形。叶心形，边缘具粗齿。轮伞花序常2花；花萼筒状，上唇3齿，下唇2齿；花冠蓝紫色，二唇形，下唇具深色斑点；雄蕊4，内藏。小坚果卵形。花果期5—8月。

分　　布：全国广布，生疏林下、路旁、溪边。

用　　途：全草入药，可治膀胱结石。

野生草本

418 夏至草（唇形科　夏至草属）

Lagopsis supina (Steph.) Ik. –Gal. ex Knorr

校园分布 广布。

专业描述：多年生草本。叶对生，掌状3裂，裂片圆齿形。轮伞花序具疏花；苞片刺状；花萼钟形，5脉，齿5，先端有刺尖；花冠白色，上唇全缘，下唇3裂；雄蕊4，二强，着生于花冠筒中部，内藏。小坚果。花果期4—6月。

分　　布：全国广布。

用　　途：全草入药，有养血调经的功效。

野生草本

419 益母草（唇形科　益母草属）

Leonurus japonicus Houtt.

校园分布 广布。

专业描述：二年生草本。茎4棱，通常分枝。中部叶3全裂，又羽状分裂。轮伞花序腋生，具8—15花，多数排列成穗状花序。苞片针刺状；花萼管状钟形，具5刺状齿；花冠粉红色，二唇形；上唇长圆形，下唇3裂；二强雄蕊。小坚果。花期7—9月，果期8—10月。

分　　布：全国广布。

用　　途：全草入药，具调经活血、清热利尿的功效。

420 薄荷（唇形科　薄荷属）

Mentha canadensis L.

校园分布 广布，生物学馆北侧、家属区等地。

专业描述：多年生草本。具香味。茎直立，具槽。叶对生，椭圆形至披针形。轮伞花序，腋生；花萼管钟形，萼齿5；花冠淡紫色，冠檐4裂，上裂片顶端2裂，较大，其余3裂近等大；雄蕊4，均伸出。小坚果卵球形。花期7—9月，果期8—10月。

分　　布：全国各地均有分布，生水旁潮湿地。

用　　途：幼嫩茎尖可作蔬菜。全草入药，也可提取薄荷油、薄荷脑。

野生草本

421 荔枝草（唇形科　鼠尾草属）

Salvia plebeia R. Br.

别　　名：雪见草

校园分布 广布，工字厅南侧等地。

专业描述：二年生草本。叶卵形，边缘具齿。轮伞花序具6花，密集总状或圆锥花序；苞片披针形；花萼钟状，二唇形，上唇3个短尖头，下唇2齿；花冠淡红色至蓝紫色，上唇先端微凹，下唇3裂；能育雄蕊2，略伸出花冠。小坚果，倒卵圆形。花果期4—7月。

分　　布：全国广布。

用　　途：全草入药，民间广泛用于治疗跌打损伤和无名肿痛。

422 甘露子(唇形科　水苏属)

Stachys sieboldii Miq.

别　　名：宝塔菜

校园分布 绿园、家属区。

专业描述：多年生草本；根状茎匍匐，顶端有串珠状肥大块茎。茎上有硬毛。叶片卵形，被短硬毛，具圆齿。轮伞花序，常6花，排列成顶生穗状花序；花萼狭钟状，齿5，具刺尖头；花冠粉红色，二唇形；上唇直立，下唇3裂。小坚果，卵球形。花果期7—10月。

分　　布：原产华北、西北，现各地有栽培，生湿地。

用　　途：念珠状块茎供食用，可做酱菜、泡菜。

423 平车前（车前科　车前属）
Plantago depressa Willd.

校园分布 广布。

专业描述：一年生草本。具主根。叶基生，长卵状披针形，纵脉3—7条；叶柄长1—11厘米。穗状花序，直立，长约2—18厘米；花萼4裂；花冠裂片4，卵形。蒴果，圆锥状。花期6—9月，果期7—9月。

分　　布：全国广布，生路边、草地。

用　　途：全草入药。

平车前

大车前

424 大车前（车前科　车前属）
Plantago major L.

校园分布 广布，荷塘周边较多。

专业描述：多年生草本。根状茎短粗，具多数须根。叶基生，卵形，长7—14厘米，边缘波状或有不整齐锯齿，叶柄长3—9厘米。花葶数条，近直立，排成穗状花序，花小，两性，密生。蒴果，圆锥形。花期5—8月，果期7—10月。

分　　布：全国广布，生山谷、路旁潮湿处。

用　　途：全草入药。

425 通泉草（玄参科　通泉草属）

Mazus pumilus (Burm. f.) Steenis

校园分布 广布。

专业描述：一年生草本。基部多分枝。叶倒卵形，基部楔形，具粗齿。总状花序顶生；花萼钟状，裂片卵形；花冠紫色或蓝色，二唇形，上唇直立，2裂，下唇较大，开展，3裂。蒴果，球形。花期4—5月，果期6—7月。

分　　布：全国广布，生潮湿荒地、路边。

用　　途：全草入药，有清热解毒的功效。

野生草本

426 地黄(玄参科　地黄属)

Rehmannia glutinosa (Gaertn.) Libosch. ex Fisch. & Mey.

校园分布 广布。

专业描述：多年生草本。根肉质。叶常基生，莲座状，叶片倒卵形，边缘具钝齿，叶面有皱纹。总状花序顶生，花萼钟状，5裂；花冠紫红色，筒状，顶部二唇形，上唇2裂，反折，下唇3裂片伸直；雄蕊4，着生于花冠筒基部。蒴果，卵形。花果期4—7月。

分　　布：分布于东北、华北、西北、华中等地，各地有栽培。

用　　途：根茎入药。

427 阿拉伯婆婆纳（玄参科　婆婆纳属）

Veronica persica Poir.

别　　名：波斯婆婆纳

校园分布 广布。

专业描述：一年生草本。叶2—4对，具短柄，卵形，边缘具钝齿。总状花序长；苞片互生，与叶同形且几乎等大；花萼果期增大；花冠蓝紫色，4裂。蒴果肾形，花柱宿存。花期3—5月，果期4—7月。

分　　布：我国南北各省分布，生路旁、荒地。

阿拉伯婆婆纳

婆婆纳

428 婆婆纳（玄参科　婆婆纳属）

Veronica polita Fries

校园分布 广布，理学院南侧等地。

专业描述：一年生草本。茎基部多分枝，成丛。叶对生，叶片卵圆形，边缘具钝锯齿。总状花序顶生；苞片叶状，互生；花萼4深裂，几达基部，裂片卵形，果时增大；花冠紫色，4裂。蒴果近肾形，稍扁。花期3—4月，果期4—5月。

分　　布：我国南北各省分布，生路旁、荒地。

429 半边莲（桔梗科　半边莲属）

Lobelia chinensis Lour.

校园分布 广布。

专业描述：多年生草本。具白色乳汁。茎平卧，节上生根。叶披针形，全缘或有波状小齿。花通常1朵生分枝上部叶腋；花萼裂片5，狭三角形；花冠粉红色，近一唇形，裂片5；雄蕊5；子房下位，2室。蒴果，2瓣裂。花果期6—10月。

分　　布：分布于长江中下游及以南各省区，生水田边、沟边或潮湿草地，北京有逸生。

用　　途：全草入药。

430 鸡矢藤（茜草科　鸡矢藤属）

Paederia foetida L.

校园分布 广布，荷塘、校河沿岸、图书馆周边等地。

专业描述：缠绕性藤本，揉搓有臭味。多分枝。叶对生，纸质，形状和大小变异很大，宽卵形至披针形；托叶三角形。聚伞花序排成圆锥花序，顶生或腋生；花萼钟状，萼齿三角形；花冠浅紫色，顶端5裂。核果，球形。花期7—8月，果期8—9月。

分　　布：广布长江流域及以南各省区，北京有逸生。

431 茜草（茜草科　茜草属）

Rubia cordifolia L.

校园分布 广布。

专业描述：多年生攀缘草本。根红色。茎4棱，蔓生，叶柄、叶缘和下面中脉上都有倒刺。4叶轮生，卵形，基部心形。聚伞花序通常圆锥状，腋生和顶生；花小，黄白色，5数，花冠辐状。浆果近球形，成熟时红色。花果期6—9月。

分　　布：全国广布，生道旁、草丛、灌丛。

用　　途：根可做红色染料，又可入药，有通经活血、化瘀生新的功效。

野生草本

432 马兰（菊科　紫菀属）

Aster indicus L.

校园分布 广布，荷塘、家属区等地。

专业描述：多年生草本。茎直立，上部分枝。叶互生，披针形，全缘或有疏齿或浅裂，常有短粗毛。头状花序直径2—3厘米，单生于枝顶排成伞房状；舌状花1层，舌片浅紫色；管状花长3—4毫米；瘦果倒卵形。花果期7—9月。

分　　布：分布于我国南方各省，北京有逸生。

野生草本

全叶马兰（菊科　紫菀属）

Aster pekinensis (Hance) Kitag.

校园分布 广布，气象台周边等地。

专业描述：多年生草本。叶密，互生，披针形，无叶柄，全缘。头状花序单生于枝顶排成疏伞房状，直径1—2厘米；舌状花1层，淡紫色；管状花长约3毫米。瘦果倒卵形。花果期7—9月。

分　　布：广泛分布于南北各省，生山坡、道旁荒地。

野生草本

434 黄花蒿（菊科　蒿属）

Artemisia annua L.

校园分布 广布。

专业描述：一年生草本。植株有浓烈挥发性香气。茎直立，多分枝。基部及下部叶在花期枯萎，中部叶卵形，2—3回羽状全裂，小裂片线形；上部叶小，常1—2回羽状全裂。头状花序，球形，直径1.5—2毫米，有短梗，下垂；花筒状，黄色。瘦果。花果期8—10月。

分　　布：南北各省均有分布，生山坡、沟谷、荒地。

用　　途：全草入药名青蒿。

小 知 识：黄花蒿含青蒿素，青蒿素为治疗疟疾的特效药。古本草书记载的“草蒿”和“青蒿”与“黄花蒿”无异，中药习称“青蒿”，而植物学通称为“黄花蒿”*Artemisia annua* L.。该种在不同生境中生长，其形态略有变异，入药可清热、解暑、截疟、凉血。本种不同于植物学上的“青蒿”*Artemisia carvifolia* Buch.—Ham. ex Roxb.，二者药用功能虽然接近，但“青蒿”不含“青蒿素”，亦无抗疟作用。

435 艾（菊科　蒿属）

Artemisia argyi H. Lév. & Vaniot

校园分布 广布。

专业描述：多年生草本。茎直立，被密茸毛。叶互生，下部叶在花期枯萎；中部叶1—2回羽状深裂至全裂，侧裂片2对，灰绿色，下面密被灰白色蛛丝状毛。头状花序，长圆状钟形，长3—4毫米，多数在茎顶排列成圆锥状。花果期8—10月。

分　　布：我国南北各省均有分布，生山坡、路旁。

用　　途：全草入药，有散寒、止痛、温经、止血的功效。

艾

茵陈蒿

436 茵陈蒿（菊科　蒿属）

Artemisia capillaris Thunb.

校园分布 广布，汽车研究所西侧。

专业描述：多年生草本。茎直立，具纵沟棱。叶2回羽状分裂，下部叶裂片较宽；中部叶裂片细，毛发状；上部叶羽状分裂，3裂或不裂。头状花序，卵形，长1.5—2毫米，下垂，多数在茎顶排列成圆锥状。花果期8—10月。

分　　布：南北各省均有分布，生山坡荒地、路边草地。

用　　途：嫩苗与幼叶入药称茵陈。

437 蒙古蒿(菊科　蒿属)

Artemisia mongolica (Fisch. ex Bess.) Nakai

校园分布 广布。

专业描述：多年生草本。茎直立，常带紫褐色。基生叶花时枯萎；中部叶羽状深裂或2回羽状深裂，侧裂片2—3对；上部叶3裂或不裂。头状花序，长圆状钟形，长3—5毫米，直径2—2.5毫米，多数排列成圆锥状。花果期8—9月。

分　　布：南北各省均有分布，生山坡、灌丛或路旁。

野生草本

438 白莲蒿（菊科　蒿属）

Artemisia sacrorum Ledeb.

别　　名：铁杆蒿

校园分布 荷塘、水木清华。

专业描述：多年生草本或半灌木。茎直立，多分枝，粗壮。下部叶在花期枯萎；中部叶卵形，2回羽状全裂，侧裂片5—10对，长圆形；上部叶小，羽状浅裂或有齿。头状花序，极多数，排列成圆锥状；花筒状。花期8—9月，果期9—10月。

分　　布：南北各省均有分布。

野生草本

439 婆婆针（菊科　鬼针草属）

Bidens bipinnata L.

别　　名：鬼针草

校园分布 广布。

专业描述：一年生草本。叶对生，二回羽状深裂。头状花序，直径6—9毫米；总苞线形；舌状花黄色，1—3朵，不育；管状花黄色，结实，顶端5齿裂。瘦果线形，冠毛芒状，3—4枚。花果期8—10月。

分　　布：全国广布，生路边荒地。

用　　途：全草入药，有祛风湿、清热解毒、止泻的功效。

440 大狼杷草（菊科　鬼针草属）

Bidens frondosa L.

别　　名：鬼针草

校园分布 广布，荷塘等地。

专业描述：一年生草本。叶对生，具柄，一回羽状复叶，小叶3—5，披针形，边缘具粗齿。头状花序顶生或腋生，直径1—3厘米；无舌状花；管状花黄色，顶端4裂。瘦果，扁平，冠毛芒状，2枚，具倒钩刺。花果期8—10月。

用　　途：全草入药。

441 石胡荽（菊科　石胡荽属）

Centipeda minima (L.) A. Braun & Asch.

别　　名：鹅不食草

校园分布 广布。

专业描述：一年生小草本。株高5—15厘米。茎铺散，多分枝。叶互生，楔状倒披针形，边缘有不规则疏齿，无叶柄。头状花序小，扁球形；花杂性，淡黄色或黄绿色，全为管状花。花果期7—9月。

分　　布：南北各省均有分布。

用　　途：全草入药。

442 甘菊（菊科 菊属）

Chrysanthemum lavandulifolium (Fisch. ex Trautv.) Makino

别　　名：野菊花

校园分布 广布。

专业描述：多年生草本。基生叶和茎下部叶花时枯萎；茎中部叶轮廓卵形，2回羽状分裂；上部叶羽裂、3裂或不裂。头状花序，直径1—1.5厘米，通常多数排列成复伞房状；舌状花黄色，舌状椭圆形；管状花黄色。花果期9—10月。

分　　布：南北各省均有分布，生山坡、荒地。

用　　途：花入药，有清热解毒、凉血降压的功效。

野生草本

443 刺儿菜（菊科　蓟属）

Cirsium setosum (Willd.) M. Bieb.

校园分布 广布。

专业描述：多年生草本。茎直立，具纵沟棱。叶互生，基生叶花时凋谢；下部叶和中部叶椭圆形，全缘或有齿裂或羽状浅裂，齿端有刺；上部叶变小。雌雄异株；头状花序，通常单个或多个生于枝端，成伞房状；花全为管状花，紫红色。蒴果，冠毛羽毛状。花果期5—8月。

分　　布：南北各省均有分布。

444 尖裂假还阳参（菊科　假还阳参属）

Crepidiastrum sonchifolium (Bunge) Pak & Kawano

别　　名：苦荬菜，抱茎苦荬菜

校园分布 广布。

专业描述：多年生草本。具乳汁。基生叶多数，铺散，长椭圆形，有锯齿或尖牙齿，或为不整齐羽状深裂；茎生叶较小，卵状披针形，基部扩大成耳形或戟形抱茎，全缘或有羽状分裂。头状花序，密集成伞房状；舌状花黄色。瘦果，冠毛白色。花果期4—7月。

分　　布：广泛分布于南北各省。

用　　途：全草入药。

445 鳢肠（菊科　鳢肠属）

Eclipta prostrata (L.) L.

别　　名：墨旱莲、旱莲草

校园分布 广布，荷塘、主楼北侧等地。

专业描述：一年生草本。具淡黑色液汁。叶对生，披针形，全缘或有细锯齿，被糙毛。头状花序单生，直径6—8毫米；总苞片5—6枚，草质，长圆形；花杂性；舌状花雌性，白色；管状花两性，花冠顶端4齿裂。瘦果。花果期6—9月。

分　　布：全国广布，生路旁、田边或河岸。

用　　途：全草入药，有凉血、止血、消肿、强壮的功效。

446 一年蓬（菊科 飞蓬属）

Erigeron annuus (L.) Pers.

校园分布 广布，校河沿岸。

专业描述：一年生或二年生草本。茎直立，上部有分枝。叶互生，基生叶长圆形，边缘有粗齿，中部和上部叶较小，披针形，最上部叶通常线形，全缘，具睫毛。头状花序排列成伞房状或圆锥状；总苞半球形；舌状花2层，白色或淡蓝色，舌片线形；两性花筒状，黄色。花期6—7月，果期7—8月。

分　　布：原产北美洲，在我国已驯化，广泛分布于南北各省，生路边、山坡荒地。

447 小蓬草（菊科　飞蓬属）

Erigeron canadensis L.

别　　名：小白酒菊

校园分布 广布。

专业描述：一年生草本。茎直立，上部多分枝。叶互生，线状披针形，全缘或具微锯齿，边缘有长睫毛。头状花序多数，直径约4毫米，有短梗，在茎顶密集成圆锥状或伞房状圆锥状；总苞半球形，直径约3毫米。瘦果，长圆形；冠毛污白色，刚毛状。花果期6—9月。

分　　布：南北各省均有分布。

香丝草（菊科　飞蓬属）

Erigeron bonariensis L.

别　　名：野塘蒿

校园分布 广布。

专业描述：一年生或二年生草本。茎直立或斜升，中部以上常分枝。叶密集，基部叶花期常枯萎，下部叶披针形，通常具粗齿或羽状浅裂，中部和上部叶具短柄或无柄，狭披针形或线形，中部叶具齿，上部叶全缘。头状花序多数，直径约8—10毫米，在茎端排列成总状或总状圆锥花序。瘦果线状披针形。花果期5—10月。

分　　布：南北各省均有分布。

449 粗毛牛膝菊（菊科　牛膝菊属）

Galinsoga quadriradiata Ruiz & Pav.

校园分布 广布。

专业描述：一年生草本。茎枝被开展稠密的长柔毛。叶对生，卵圆形至披针形，边缘有浅圆齿或近全缘，基出三脉。头状花序小，直径约3—4毫米；舌状花4—5个，白色，一层，雌性；管状花黄色，两性，顶端5齿裂。瘦果。花果期7—10月。

分　　布：原产南美洲，在我国归化，北京有分布。

野生草本

450 泥胡菜（菊科　泥胡菜属）

Hemisteptia lyrata Bunge

校园分布 广布。

专业描述：二年生草本。茎直立，具纵棱。基生叶莲座状，提琴状羽状分裂，下面密被白色蛛丝状毛；中部叶羽状分裂。头状花序多数，外层苞片卵形，背面具鸡冠状突起。花冠管状，紫红色。瘦果，圆柱形，冠毛羽毛状。花果期5—8月。

分　　布：全国广布，为路边、田间杂草。

野生草本

451 旋覆花（菊科　旋覆花属）

Inula japonica Thunb.

别　　名：六月菊

校园分布 广布。

专业描述：多年生草本。叶长椭圆形，无柄，基部渐狭或有半抱茎的小耳。头状花序，直径2.5—4厘米，排成疏散伞房状；总苞片5层，条状披针形；舌状花黄色，顶端有3小齿；管状花黄色。瘦果，冠毛白色。花果期6—10月。

分　　布：全国广布，生路旁、草地、河岸边。

用　　途：根叶入药，治刀伤、疔毒。花亦入药，有健胃祛痰的功效。

452 中华苦荬菜（菊科 苦荬菜属）

Ixeris chinensis (Thunb.) Kitag

别　　名：苦菜

校园分布 广布。

专业描述：多年生草本。具乳汁。基生叶莲座状，披针形，全缘或具疏齿或不规则羽裂；茎生叶1—2，微抱茎。头状花序，多数排列成伞房状；舌状花20朵左右，长10—12毫米，黄色或白色。瘦果，冠毛白色。花果期4—9月。

分　　布：广泛分布于南北各省。

用　　途：全草入药。

453 翅果菊（菊科　莴苣属）

Lactuca indica L.

别　　名： 山莴苣

校园分布 广布。

专业描述： 多年生草本。具乳汁。茎单生，直立，粗壮。下部叶花期枯萎；中部叶披针形，羽状全裂或深裂，裂片边缘缺刻状或锯齿状，无柄，基部抱茎；最上部叶变小，披针形至线形。头状花序，多数，在茎端排列为圆锥状；舌状花淡黄色。瘦果。花果期7—9月。

分　　布： 广泛分布于南北各省。

野生草本

454 桃叶鸦葱（菊科　鸦葱属）

Scorzonera sinensis Lipsch. & Krasch.

校园分布 C楼周边。

专业描述： 多年生草本。具乳汁。根粗壮，纤维状，褐色。基生叶披针形，边缘深皱状弯曲，宽鞘状抱茎；茎生叶鳞片状。头状花序，单生茎端，长2—3.5厘米；舌状花黄色。瘦果圆柱状，长12—14毫米，冠毛污白色，长2厘米。花果期4—7月。

分　　布： 分布于东北、华北，生山坡草地、路边荒地。

野生草本

455 花叶滇苦菜（菊科　苦苣菜属）

Sonchus asper (L.) Hill

别　　名：续断菊

校园分布 广布。

专业描述：一年生草本。具乳汁。叶长椭圆形或倒卵形，不分裂或缺刻状半裂或羽状全裂，边缘有不等的刺状尖齿，下部叶叶柄有翅，中上部叶无柄，基部有扩大的圆耳。头状花序，在茎顶组成伞房状；总苞钟状；总苞片2—3层，暗绿色；舌状花黄色。瘦果。花果期6—10月。

分　　布：全国广布，生路边荒地等。

野生草本

456 苦苣菜（菊科　苦苣菜属）

Sonchus oleraceus L.

校园分布 广布。

专业描述：一年生或二年生草本。具乳汁。根纺锤状。茎不分枝或上部分枝。叶羽状深裂，大头状羽状全裂或羽状半裂，边缘有刺状尖齿，中上部的叶无柄，基部宽大戟耳形。头状花序在茎端排成伞房状，直径约1.5厘米；总苞片2—3层；舌状花黄色。花果期6—9月。

分　　布：全国广布，生山野、路旁荒地等。

用　　途：全草入药，有清热解毒的功效。

野生草本

457 蒲公英（菊科　蒲公英属）

Taraxacum mongolicum Hand.-Mazz.

别　　名：婆婆丁

校园分布 广布。

专业描述：多年生草本。具乳汁。叶全基生，莲座状，倒披针形，逆向羽状深裂，侧裂片4—5对。花葶数个；头状花序，直径3—4厘米；总苞淡绿色，披针形；舌状花黄色。瘦果褐色，冠毛白色。花果期3—9月。

分　　布：南北各省均有分布。

用　　途：全草入药，有清热解毒，消肿散瘀的功效。

野生草本

苍耳（菊科　苍耳属）

Xanthium sibiricum Patrin ex Widder

校园分布 广布，主楼北侧、汽车研究所西侧等地。

专业描述：一年生草本。叶三角状卵形，基出三脉，两面被糙伏毛。雄头状花序球形，密生柔毛；雌头状花序椭圆形，内层总苞片结成囊状。成熟的具瘦果的总苞变坚硬，外生具钩的总苞刺；瘦果2，倒卵形。花果期8—9月。

分　　布：广布全国各地，生田野、路边。

用　　途：种子可榨油，为工业原料。带总苞的果实入药，称苍耳子。

459 黄鹌菜（菊科　黄鹌菜属）

Youngia japonica (L.) DC.

校园分布 广布。

专业描述：一年生草本。具乳汁。基生叶丛生，倒披针形，琴状或羽状半裂；茎生叶少数，通常1—2片。头状花序小，有10—20小花，排成聚伞状圆锥花序；舌状花黄色，长4.5—10毫米。瘦果，冠毛白色。花果期5—7月。

分　　布：广泛分布于南北各省。

野生草本

460 虎掌（天南星科　半夏属）

Pinellia pedatisecta Schott

别　　名：掌叶半夏

校园分布 家属区。

专业描述：多年生草本。块茎圆球形。叶柄细长，叶片掌状裂，中裂片全缘，侧裂片再裂成3—4片，成鸟足状分裂。花葶长10—40厘米；佛焰苞淡绿色，下部筒状；肉穗花序下部雌花，上部雄花。浆果，卵圆形，绿色或黄白色。花果期6—11月。

分　　布：分布于南北各省，生林下、山谷阴湿处。

用　　途：块茎入药，有毒，宜慎用。

野生草本

461 半夏（天南星科　半夏属）

Pinellia ternata (Thunb.) Makino

别　　名：三叶半夏

校园分布 荷塘。

专业描述： 多年生草本。块茎圆球形。叶基生，1年生者为单叶，2—3年生者为3小叶；叶柄长达25厘米，基部具珠芽。花葶长达30厘米；佛焰苞全长5—7厘米，下部筒状；肉穗花序下部雌花，上部雄花。浆果，卵形，黄绿色。花果期5—8月。

分　　布：全国广布，生阴湿地。

用　　途：块茎有毒，经炮制后入药，有开胃、健脾、祛痰、镇静的功效。

野生草本

462 鸭跖草（鸭跖草科　鸭跖草属）

Commelina communis L.

校园分布 广布。

专业描述：一年生草本。茎多分枝，基部枝匍匐，节上生根。单叶，互生，披针形，基部成叶鞘。总苞片佛焰苞状，与叶对生，心形；聚伞花序有花数朵；萼片膜质；花瓣深蓝色，侧生2片较大；雄蕊6枚、3枚能育而长，3枚退化雄蕊顶端成蝴蝶状，花丝无毛。蒴果椭圆形，2室，2瓣裂，种子4枚。花果期6—10月。

分　　布：全国广布，生路旁、田边、山坡等地。

用　　途：全草入药，有清热、利尿和抗病毒的功效。

463 饭包草（鸭跖草科　鸭跖草属）

Commelina benghalensis L.

别　　名：火柴头

校园分布 荷塘、校河沿岸。

专业描述：饭包草与鸭跖草相似，区别在于饭包草叶卵形，钝头；总苞边缘不结合成宽心脏形。

分　　布：全国广布，生于路旁、田边、山坡等地。

用　　途：全草入药，有清热、利尿和抗病毒的功效。

464 青绿薹草（莎草科　薹草属）

Carex breviculmis R. Br.

校园分布 理学院南侧。

专业描述：多年生草本。秆丛生，高10—40厘米。叶线形。花序不超出叶丛；小穗2—6个，直立，顶生小穗雄性，以下为雌小穗，球形至短圆柱形，无梗或稍有梗，雌花鳞片倒卵形，中部绿色。花果期3—7月。

分　　布：南北各省均有分布，生山坡草甸。

野生草本

465 异型莎草（莎草科 莎草属）

Cyperus difformis L.

校园分布 荷塘。

专业描述：一年生草本。秆直立，丛生。叶短于秆，线形，长约20厘米。苞片2—3，叶状，长侧枝聚伞花序简单；具3—9辐射枝，辐射枝最长2.5厘米；小穗极多，聚集成头状；小穗披针形，具8—28花。花果期7—9月。

分　　布：南北各省均有分布，生水边湿地。

野生草本

466 头状穗莎草（莎草科　莎草属）

Cyperus glometarus L.

别　　名：球穗莎草

校园分布 广布，荷塘周边。

专业描述：一年生草本。秆散生，粗壮，钝三棱形。叶短于秆。叶状总苞苞片3—4个，比花序长，边缘粗糙；长侧枝聚伞花序复出，具3—8辐射枝，辐射枝长短不一；穗状花序无总梗，圆形至长圆形，具极多数小穗。花果期7—9月。

分　　布：分布于东北、华北、西北，生水边或潮湿地。

头状穗莎草

具芒碎米莎草

467 具芒碎米莎草（莎草科　莎草属）

Cyperus microiria Steud.

别　　名：黄颖莎草

校园分布 广布，荷塘周边。

专业描述：一年生草本。秆丛生，锐三棱，平滑。叶短于秆，平展。叶状总苞苞片3—4个，苞片长于花序；长侧枝聚伞花序复出或多次复出，具5—7个辐射枝，辐射枝长短不等，具多数小穗；小穗排列稍稀疏，线状披针形。花果期7—9月。

分　　布：南北各省均有分布，生水边或潮湿地。

看麦娘（禾本科　看麦娘属）

Alopecurus aequalis Sobol.

校园分布 主楼北侧。

专业描述：一年生草本。秆少数丛生。叶鞘光滑，叶片条形，叶舌薄膜质。圆锥花序，顶生，紧缩成圆柱状，灰绿色，长3—7厘米；小穗椭圆形，含1花；花药橙黄色。花果期5—8月。

分　　布：南北各省均有分布。

野生草本

469 光稃香草（禾本科　黄花茅属）

Anthoxanthum glabrum (Trin.) Veldkamp

别　　名：光稃茅香

校园分布 广布。

专业描述：多年生草本。秆直立，细小。叶鞘密生短毛，叶舌透明质，叶片条形。圆锥花序，卵状锥形，长约5厘米；小穗褐黄色，光泽，长2.5—3毫米，内含1朵两性花和2朵侧生雄花。花果期4—6月。

分　　布：分布于华北、西北。

野生草本

470 荩草（禾本科　荩草属）

Arthraxon hispidus (Thunb.) Makino

校园分布 荷塘。

专业描述：一年生草本。秆细弱。叶舌膜质，边缘具纤毛；叶片卵状披针形，基部心形，抱茎，长2—4厘米。花序分枝细弱，长1.5—3厘米，2—10个总状花序排列成指状；小穗成对着生，一有柄，一无柄。花果期7—9月。

分　　布：南北各省均有分布。

野生草本

471 野牛草（禾本科　野牛草属）

Buchloë dactyloides (Nutt.) Engelm.

校园分布 校河沿岸。

专业描述：多年生草本。具匍匐枝。秆细弱。叶线形，疏生白色柔毛。雄花序2—3个，长5—15毫米，草黄色，排列成总状；雄小穗含2花，紧密排列与穗轴一侧；雌小穗含1花，4—5枚簇生成头状花序。花果期6—8月。

分　　布：原产北美，我国引种栽培。

用　　途：草皮植物。

472 虎尾草（禾本科　虎尾草属）

Chloris virgata Sw.

校园分布 广布。

专业描述：一年生草本。秆丛生。叶条形，叶鞘光滑无毛，最上叶鞘包有花序。穗状花序，长3—5厘米；4—10个簇生于茎顶，呈指状排列；小穗长3—4毫米，排列与穗轴一侧，呈紧密覆瓦状。花果期6—9月。

分　　布：南北各省均有分布。

用　　途：可作饲料。

野生草本

473 朝阳隐子草（禾本科　隐子草属）

Cleistogenes hackelii (Honda) Honda

别　　名：中华隐子草

校园分布 广布。

专业描述：多年生草本。秆少数丛生，直立。叶鞘长于节间，叶片常内卷，长3—7厘米。圆锥花序，稀疏，开展，长5—8厘米，具3—5分枝；小穗长7—9毫米，含3—5小花。花果期8—10月。

分　　布：南北各省均有分布。

野生草本

474 狗牙根（禾本科　狗牙根属）
Cynodon dactylon (L.) Pers.

校园分布 广布。

专业描述：多年生草本。具根状茎。秆匍匐地面，叶片线形，长1—6厘米。穗状花序，长1.5—5厘米，3—6枚簇生茎顶，指状排列；小穗灰绿色或带紫色，长1.5—2毫米，含1花。花果期5—9月。

分　　布：广泛分布于黄河以南各省。

用　　途：常作草皮栽培。

475 马唐（禾本科　马唐属）

Digitaria sanguinalis (L.) Scop.

校园分布 广布。

专业描述：一年生草本。秆斜升。叶片线状披针形。总状花序，3—10枚，指状排列或下部的近轮生；小穗含1朵两性花，穗轴每节通常着生2个小穗，排列于穗轴的一侧。花果期6—9月。

分　　布：广泛分布于北方各省。

用　　途：可作牧草。

476 稗（禾本科　稗属）

Echinochloa crus-galli (L.) Beauv.

校园分布 广布，荷塘。

专业描述：一年生草本。秆直立或基部倾斜，通常丛生。叶鞘疏松裹茎，光滑；无叶舌；叶条形。圆锥花序，疏松，带紫色；小穗密集排列于穗轴的一侧，单生或不规则簇生；外稃先端具芒。花果期7—9月。

分　　布：南北各省均有分布。

小 知 识：变种无芒稗var. *mitis* (Pursh.) Paterm，小穗无芒或具极短的芒；花序较疏松。花果期6—9月，清华大学荷塘周边有分布。

无芒稗

野生草本

477 牛筋草（禾本科　䅟属）

Eleusine indica (L.) Gaertn.

别　　名：蟋蟀草

校园分布 广布。

专业描述：一年生草本。秆丛生。叶鞘压扁；叶片条形。穗状花序2—7枚簇生茎顶，呈指状排列；小穗密集于穗轴的一侧成两行排列，含3—6小花。囊果。种子卵形，有明显的波状皱纹。花果期6—10月。

分　　布：南北各省均有分布。

用　　途：可作牛羊饲料。

野生草本

478 纤毛披碱草（禾本科　披碱草属）
Elymus ciliaris (Trin. ex Bunge) Tzvelev

别　　名：纤毛鹅观草

校园分布 广布。

专业描述：多年生草本。秆常单生或成疏丛，直立。叶片长10—20厘米，宽3—10毫米。顶生穗状花序，直立或多少下垂，长10—20厘米；小穗绿色，长15—22毫米，含7—10花；外稃边缘具长而硬的纤毛，先端具长芒。花果期5—7月。

分　　布：我国各地广泛分布。

用　　途：可作牧草。

纤毛披碱草

柯孟披碱草

479 柯孟披碱草（禾本科　披碱草属）
Elymus kamoji (Ohwi) S. L. Chen

别　　名：鹅观草

校园分布 广布。

专业描述：柯孟披碱草与纤毛披碱草相似，区别在于柯孟披碱草外稃和颖具明显的宽膜质边缘。

分　　布：我国各地广泛分布。

用　　途：可作牧草。

野生草本

480 小画眉草（禾本科　画眉草属）

Eragrostis minor Host.

校园分布 广布。

专业描述：一年生草本。秆纤细，丛生。叶片条形，宽2—4毫米。圆锥花序开展而疏松，长6—15厘米，宽4—6厘米，每节一分枝，分枝平展或上举；小穗长圆形，含3—16小花，绿色。花果期6—9月。

分　　布：我国各地广泛分布。

野生草本

白茅（禾本科　白茅属）

Imperata cylindrica (L.) Beauv.

校园分布 广布。

专业描述：多年生草本。秆直立，形成疏丛。叶多集生于基部，叶片条形。圆锥花序，顶生，狭窄成穗状，圆柱形，长5—20厘米；小穗成对着生；小穗含1花，基部有多数细长丝状柔毛。花果期5—7月。

分　　布：分布于北方各省。

482 臭草（禾本科　臭草属）

Melica scabrosa Trin.

校园分布 广布。

专业描述：多年生草本。秆丛生，高30—70厘米。叶鞘闭合；叶舌膜质透明，叶条形，宽2—7毫米。圆锥花序，窄狭，长8—16厘米，分枝紧贴主轴；小穗含2—4朵能育小花，顶部几个不育外稃集成小球形。花果期4—8月。

分　　布：南北各省均有分布，生山坡草地、田边路旁。

金狗尾草（禾本科　狗尾草属）

Setaria glauca (L.) Beauv.

校园分布 广布。

专业描述：一年生草本。秆直立。叶舌毛状；叶鞘光滑无毛；叶片线状披针形。圆锥花序，圆柱状，长3—8厘米，通常直立；刚毛金黄色或稍带褐色；小穗椭圆形。花果期6—9月。

分　　布：南北各省均有分布。

野生草本

484 狗尾草（禾本科　狗尾草属）

Setaria viridis (L.) Beauv.

校园分布 广布。

专业描述：一年生草本。秆直立，较细弱。叶舌毛状，叶片线状披针形。圆锥花序，圆柱状，长3—15厘米，直立或稍弯垂；小穗下面有刚毛，刚毛绿色或紫色；小穗椭圆形。花果期6—10月。

分　　布：南北各省均有分布。

485 薤白（百合科　葱属）

Allium macrostemon Bunge

别　　名：小根蒜

校园分布 绿园。

专业描述：多年生草本。鳞茎近球形。叶片多为半圆柱型或条形，中空。花葶圆柱状；总苞2裂；伞形花序，半球形至球形，花多而密，间或具珠芽，有时全为珠芽；珠芽暗紫色；花淡紫色或淡红色；花被片6，雄蕊6。蒴果，圆形。花果期5—7月。

分　　布：南北各省均有分布，生山坡、草地。

用　　途：鳞茎入药，也可作蔬菜。

野生草本

486 槐叶苹（槐叶苹科　槐叶苹属）

Salvinia natans (L.) All.

校园分布 荷塘。

专业描述：水生漂浮植物。茎横走，无根。叶3片轮生，2片漂浮水面，在茎两侧紧密排列，如槐叶，叶片长圆形，全缘；1片细裂如丝，在水中形成假根。孢子果4—8枚聚生于沉水叶的基部。

分　　布：广布于长江以南及华北和东北各地，生水田、沟塘和静水溪河内。

用　　途：全草入药，煎服治虚劳发热、湿疹，外敷治丹毒疔疮和烫伤。

487 莲（莲科　莲属）

Nelumbo nucifera Gaertn.

别　　名：荷花

校园分布　荷塘、水木清华。

专业描述：多年生水生草本。根状茎肥厚，节间膨大，内有蜂窝状孔道。叶基生，叶柄长，中空，常有刺，叶片盾状圆形，挺出水面，叶脉放射状。花大，粉红色或白色，芳香；萼片4—5，早落；花瓣多数；雄蕊多数；心皮多数，离生，嵌生于花托（莲蓬）内；花托果期膨大，海绵质。坚果椭圆形；种子椭圆形，种皮红棕色。花果期7—9月。

分　　布：全国广布。

用　　途：根状茎（藕）作蔬菜或制藕粉。种子（莲子）供食用。叶、叶柄、花、花托、雄蕊、果实、种子及根状茎均可入药。

水生草本

488 白睡莲（睡莲科　睡莲属）

Nymphaea alba L.

校园分布 荷塘。

专业描述：多年生水生草本。叶纸质，近圆形，基部具深弯缺，全缘或波状。花单生梗上，直径10厘米，芳香；萼片披针形；花瓣20—25，白色，卵形；雄蕊多数，花药黄色；柱头具14—20辐射线，扁平。浆果。花期5—8月，果期8—10月。

分　　布：我国各地引种栽培。

用　　途：栽培供观赏。

489 穗状狐尾藻（小二仙草科　狐尾藻属）

Myriophyllum spicatum L.

别　　名：狐尾藻

校园分布 荷塘。

专业描述：水生草本。茎圆柱形，多分枝。叶4，轮生，无柄，羽状全裂。穗状花序顶生或腋生，生于水上；苞片长圆形，全缘；花两性或单性，雌雄同株，常4朵轮生于花序轴上。果球形，有4条纵裂。花期6—8月。

分　　布：南北各省均有分布，生池塘或河川中。

用　　途：全草入药，清凉解毒，也可作饲料。

490 菹草（眼子菜科　眼子菜属）

Potamogeton crispus L.

校园分布 荷塘。

专业描述：多年生沉水草本。侧枝常成短枝，顶端常结芽苞，脱落后成长成新植株。叶披针形，无柄，边缘波状皱曲，具细锯齿，脉3条。穗状花序，茎顶腋生，梗长2—5厘米，穗长1—2厘米，疏生数花。花期5—6月，果期6—8月。

分　　布：各省均有分布，生池塘等处。

用　　途：可作鱼饲料。

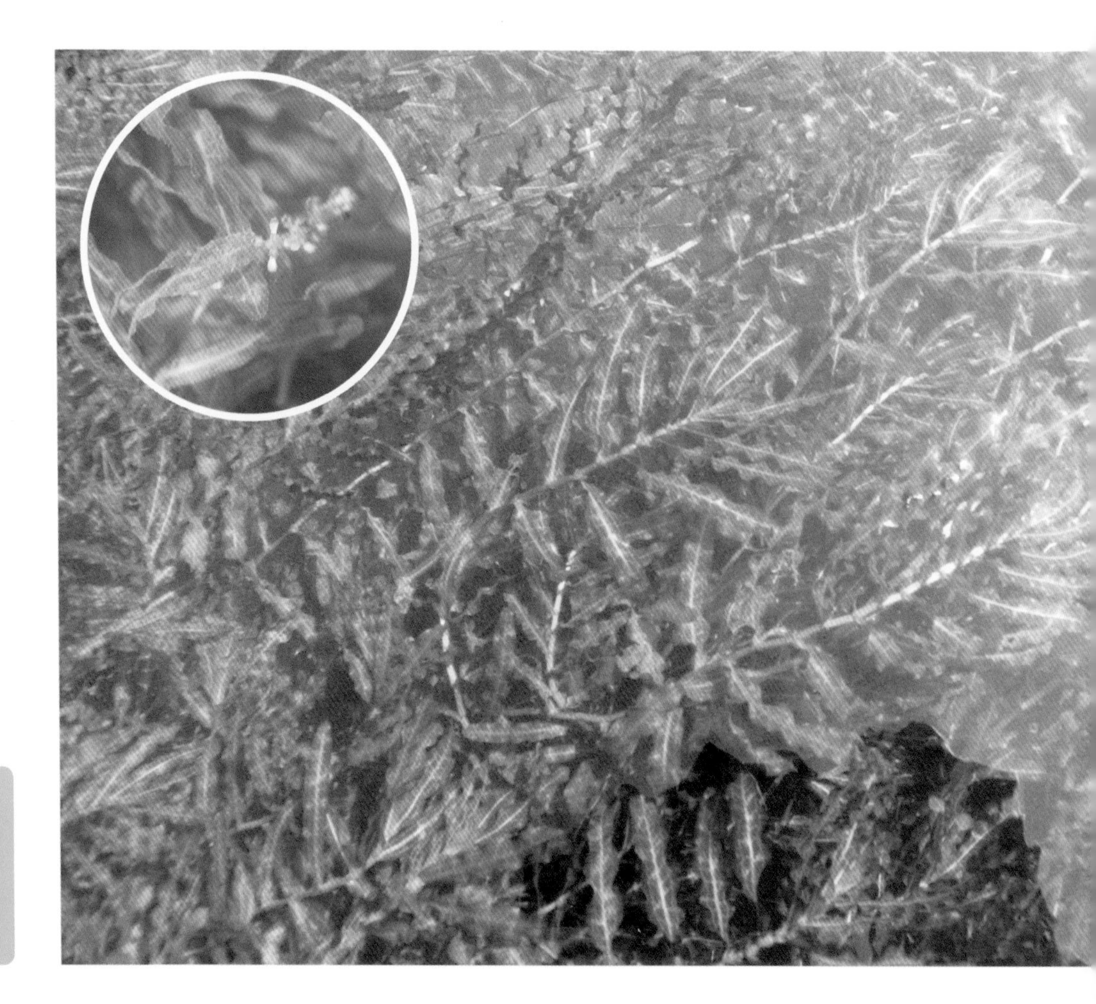

水生草本

491 浮萍（浮萍科　浮萍属）

Lemna minor L.

别　　名：青萍

校园分布 荷塘、水木清华。

专业描述：水生漂浮植物。叶状体对称，两面平坦，绿色，近圆形或椭圆形，全缘；脉3，不明显；下面着生1条根，白色。花期7—8月，果期9—10月。

分　　布：各省均有分布，生池塘、水田。

用　　途：全草入药，也可作饲料。

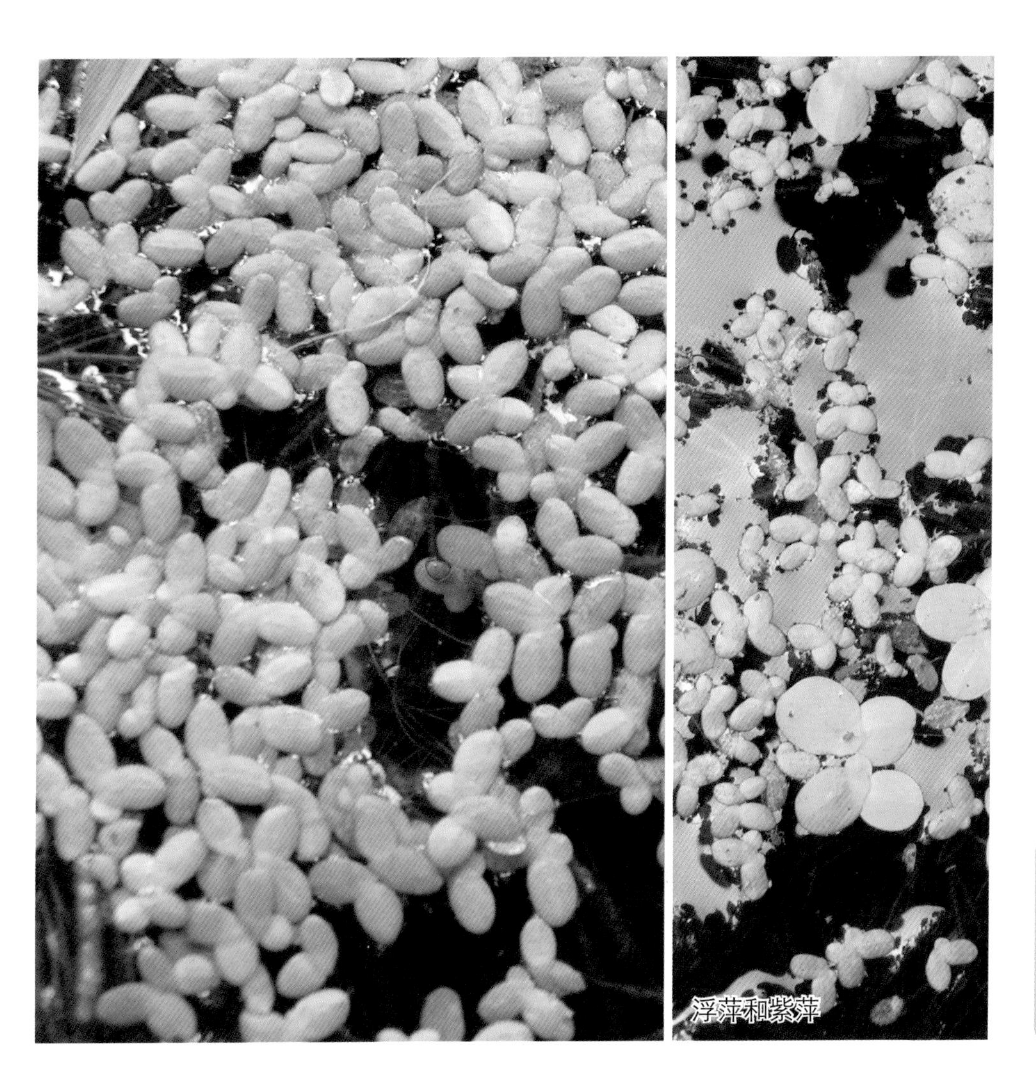

浮萍和紫萍

水生草本

492 紫萍（浮萍科　紫萍属）

Spirodela polyrhiza (L.) Schleid.

校园分布 荷塘、水木清华。

专业描述：水生漂浮植物。叶状体扁平，阔倒卵形，长5—8毫米，宽4—6毫米，上面绿色，下面紫色，具掌状脉5—11条，下面中央生5—11条根，白绿色。花期6—7月。

分　　布：全国各地均有分布，生池塘、水田。

用　　途：全草入药，也可作饲料。

水生草本

493 扁茎灯心草（灯心草科　灯心草属）

Juncus gracillimus (Buchenau) V. I. Krecz. & Gontsch.

别　　名：细灯心草

校园分布　荷塘。

专业描述：多年生草本。茎直立，丛生。叶片扁平，线形，绿色，边缘稍向内卷，基生叶叶鞘疏松抱茎。复聚伞花序，圆锥状；苞片叶状；花被裂片6，卵形，背面暗紫色；雄蕊6。蒴果，卵形。花果期5—8月。

分　　布：南北各省均有分布，生潮湿地、水沟边。

水生草本

扁秆荆三棱（莎草科　三棱草属）

Bolboschoenus planiculmis (F. Schmidt) T. V. Egorova

校园分布 荷塘。

专业描述：多年生草本。具匍匐根状茎和块茎。秆三棱形，平滑。叶扁平。叶状总苞苞片1—3个；长侧枝聚伞花序短，缩成头状，通常具1—6个小穗；小穗卵形，锈褐色。花果期5—9月。

分　　布：南北各省均有分布。

495 水葱（莎草科　水葱属）

Schoenoplectus tabernaemontani (Gmel.) Palla

校园分布 荷塘。

专业描述：多年生草本。秆高大，圆柱状，高1—2米，平滑。叶片线形。总苞苞片1个，为秆的延长，直立，钻状，一般短于花序；长侧枝聚伞花序简单或复出；具4—13辐射枝；小穗单生或2—3个簇生，卵形，具多花。花果期6—9月。

分　　布：南北各省均有分布。

用　　途：栽培供观赏，可作造纸原料。

水生草本

牛鞭草（禾本科　牛鞭草属）

Hemarthria altissima (Poir.) Stapf & C. E. Hubb.

校园分布 荷塘。

专业描述：多年生草本。具长而横走的根状茎。秆高60—80厘米，叶片线形，先端渐尖。总状花序，长达10厘米，通常单生茎顶；小穗成对着生，一有柄，一无柄，无柄小穗嵌生于穗轴的凹穴内；小穗含1花。花果期6—8月。

分　　布：南北各省均有分布。

497 荻（禾本科　芒属）

Miscanthus sacchariflorus (Maxim.) Hack.

校园分布 荷塘。

专业描述： 多年生高大禾草。根状茎粗壮。秆直立，无毛。叶片长线形。圆锥花序，扇形，长20—30厘米；分枝较弱，长10—20厘米；每节生成对小穗，1具短柄，1具长芒；小穗基盘具长柔毛，常为小穗的2倍。花果期8—9月。

分　　布： 分布于东北、华北、西北、华东。

用　　途： 栽培供观赏，根状茎可入药。

水生草本

498 芦苇（禾本科　芦苇属）

Phragmites australis (Cav.) Trin. ex Steud.

别　　名：芦、苇、蒹、葭

校园分布 荷塘、水木清华。

专业描述：多年生水生或湿生高大禾草。根状茎十分发达。秆直立，节下通常具白粉。叶片披针状线形；叶舌有毛。圆锥花序，顶生，大型，疏散，下部枝腋具白柔毛；小穗常含4—7花。花果期7—11月。

分　　布：广布全国温带地区，生于河岸、溪边等地。

用　　途：编织或造纸原料。根状茎入药称为芦根。

黑三棱（黑三棱科　黑三棱属）

Sparganium stoloniferum (Graebn.) Buch. -Ham. ex Juz.

校园分布 荷塘。

专业描述：多年生沼生草本植物。茎直立，上部有分枝。叶线形，宽2.5厘米，中脉明显。雌花序1个，生于最下部分枝顶端，或1—2个生于较上分枝下部，球形；雄花序多个，生于分枝上部或顶端，球形，花密集。聚花果球形。花期5—7月，果期7—8月。

分　　布：南北各省均有分布，生沼泽、水塘、湖泊等地。

用　　途：栽培供观赏。

500 香蒲（香蒲科　香蒲属）

Typha orientalis Presl.

别　　名：东方香蒲

校园分布 水木清华、荷塘。

专业描述：多年生沼生草本。叶线形，宽5—10毫米，基部鞘状，抱茎。花单性，雌雄同株；穗状花序圆柱状，雄花序与雌花序彼此连接；雄花序在上，花期长3—10厘米；雌花序在下，长6—15厘米。花期6—7月，果期7—8月。

分　　布：南北各省均有分布，生池塘、湖泊、湿地、沼泽。

用　　途：栽培供观赏。花粉入药称贷蒲黄。叶可用于编织、造纸。

水生草本

拉丁名索引

A

D

E

F

G

H

I

J

K

L

M

N

O

P

Q

R

S

T

U

V

中文名索引

H

J

W

X

Y

Z

银 杏

清华校园地图

北
紫荆公寓
气膜体育馆
西北小区
荷清苑
荷清苑
紫荆公寓
紫荆公寓
紫荆公寓
清华附中
北门
紫荆公寓
校河
学生服务中心(C楼)
紫荆操场
紫荆路
东北门
丁香园
汽车研究所
学堂路
新民路
1号楼
游泳馆
观畴园
2号楼
闻馨园
篮球场
平斋
西北门
化学馆
善斋
明斋
新斋
3号楼
4号楼
听涛园
15号楼
至善路
东大体育馆
东大操场
射击馆
老留学生楼
医学院
理学院
西区体育馆
西大操场
图书馆
校河
清芬园
汽车系
8号楼
气象台
生命科学馆
蒙民伟楼
人文社科图书馆
土木馆
综合体育馆
校河
文北楼
校医院
生物学馆
荷二楼
水木清华
大礼堂
新水利馆
泥沙实验室
荷园
古月堂
科学馆
同方部
文西楼
第三教室楼
第六教学楼
明德路
工物馆
近春园楼
工字厅
日晷
清华学堂
第四教室楼
熙春路
荷塘月色亭
近春园遗址
荷塘
旧水利馆
文南楼
音乐厅
新清华学堂
西主楼
中央主楼
东主楼
绿园
西院
旧土木馆
派出所
甲所
丙所
二校门
机械工程馆
清华路
西湖游泳池
问询处
校河
光华路
西门
校河
照澜院
家属区
邮局
经管学院
建筑馆
美术学院大楼
家属区
家属区
设备仪器厂
家属区
寓园餐厅
纳米科技楼
微电子所
公管学院
学研大厦
家属区
家属区
能科楼
精仪系
法学院
技术科学楼
日新路
液晶大楼
同方大厦
洁华幼儿园
家属区
家属区
家属区
FIT楼
华业大厦
主校门
创业大厦
创新大厦
紫光大厦
家属区
清华附小
家属区
家属区
立业大厦
清华科技园
南门
科建大厦
威新大厦
家属区
蓝旗营教师住宅区
科技大厦
西南门
威盛大厦